高等职业教育土建类新形态一体化教材

PC 装配式建筑概论

主　编　陈　剑　杨海平
副主编　竹宇波　蒋沛伶　叶　珊
　　　　刘　栋　李　泉

中国水利水电出版社
www.waterpub.com.cn
·北京·

内 容 提 要

本教材为高等职业教育土建类新形态一体化教材，共分9章，分别介绍了绪论；装配式木结构建筑；装配式钢结构建筑；装配式混凝土结构建筑；装配式组合结构建筑；装配式混凝土建筑主要构件及生产；装配式混凝土建筑施工技术；装配式建筑工程管理；装配式建筑与BIM。

本教材可供高职高专土建类院校学生学习使用。

图书在版编目（CIP）数据

PC装配式建筑概论 / 陈剑，杨海平主编. -- 北京：中国水利水电出版社，2021.8
高等职业教育土建类新形态一体化教材
ISBN 978-7-5170-9652-8

Ⅰ. ①P… Ⅱ. ①陈… ②杨… Ⅲ. ①装配式构件—高等职业教育—教材 Ⅳ. ①TU3

中国版本图书馆CIP数据核字(2021)第113446号

书　　名	高等职业教育土建类新形态一体化教材 **PC装配式建筑概论** PC ZHUANGPEISHI JIANZHU GAILUN
作　　者	主　编　陈　剑　杨海平 副主编　竹宇波　蒋沛伶　叶　珊　刘　栋　李　泉
出版发行	中国水利水电出版社 （北京市海淀区玉渊潭南路1号D座　100038） 网址：www. waterpub. com. cn E - mail：sales@waterpub. com. cn 电话：（010）68367658（营销中心）
经　　售	北京科水图书销售中心（零售） 电话：（010）88383994、63202643、68545874 全国各地新华书店和相关出版物销售网点
排　　版	中国水利水电出版社微机排版中心
印　　刷	北京瑞斯通印务发展有限公司
规　　格	184mm×260mm　16开本　12.5印张　304千字
版　　次	2021年8月第1版　2021年8月第1次印刷
印　　数	0001—2000册
定　　价	**43.00**元

前言

2016年2月，《中共中央国务院关于进一步加强城市规划建设管理工作的若干意见》提出，在城市建设中将大力推广装配式建筑，力争用10年的时间，使装配式建筑占新建建筑的比例达到30%。与传统的建筑行业相比，装配式建筑建造速度快，构件通过工厂化生产，将更加标准化，而且通过机械吊装的方式加以连接并在现场浇筑形成整体，可加快施工速度，减少环境污染，节约劳动力，同时装配式建筑的抗震性能、隔音效果经过模块化设计得到显著改善。

我国已经加快装配式建筑产业的推进，全国各省响应国家政策，强烈推进产业的现代化。在可持续发展的机制下，从设计、生产到施工组装，一个成熟、合格并且专业化的人才队伍建立是必需的，但是与传统建筑的发展相比较，装配式建筑的人才需求面临着严峻的形势。主要的原因是：①装配式建筑在我国建筑行业是一个比较新的产业；②国家政策下装配式建筑对于人才的需求很旺盛；③国内各高校对于装配式建筑人才的培养还处于初级阶段。

据统计，我国建筑产业化专业技术与管理人才缺口近100万人，尤其是装配式构件生产厂、装配式施工企业所需要的基层管理人才非常紧缺，这正是我们高职院校的学生就业的方向和渠道。根据我国的国情以及建筑业发展要求和人才需求情况，进行装配式建筑人才的培养和建设是刻不容缓的，设置装配式建筑的相关课程，也是高校教育改革的必然要求。而高职院校如何开展装配式建筑课程的内容教学，积极探索优质高效的教学模式，深化课程教育改革，培养在装配式生产、施工等领域的新型高技能人才，将成为一个挑战。

基于对我国建筑业经济结构转型升级、供给侧结构性改革和行业发展趋势的认识，针对高职院校建筑工程技术专业人才培养方案改革，并结合教育教学规律的把握，编写本套装配式建筑系列教材，包括《装配式混凝土建筑概论》《装配式建筑识图与构造》《装配式混凝土结构构件生产》《装配式混凝土建筑施工及管理》。

本书共分9章，分别介绍了装配式建筑、装配式木结构建筑、装配式钢结构建筑、装配式混凝土结构建筑的基本概念、发展起源及国内外发展现状；装配式组合结构建筑类型及相关案例；装配式混凝土建筑主要构件及生产；装配式建筑工程管理相关内容；BIM 介绍及 BIM 技术在装配式建筑中的应用。

本教材在编写过程中，注重基本概念精准明确、深度广度适中、内容多元而丰富、知识体系合理且有新意、知识点布局得当，让读者在抓住知识重点的同时，拓宽视野，全面了解装配式建筑的发展。此外，本教材提供较丰富的配套教学及学习资料，包括电子课件、习题库、动画视频、微课视频等，通过多形式教学，让读者为后续装配式建筑更进一步知识的学习打下扎实的基础。

本教材的编写分工为：陈剑是第 1 章、第 4 章、第 6 章、第 7 章的主要编写者，第 2 章、第 3 章的主要编写者之一；杨海平是第 2 章、第 3 章的主要编写者，第 5 章的主要编写者之一；竹宇波是第 5 章的主要编写者；蒋沛伶是第 8 章的主要编写者；叶珊是第 9 章的主要编写者。同时，陈剑作为主编，制订各章提纲、提出要点、审改定稿。

本教材在编写过程中，借鉴和吸收了国内外专家学者的研究成果，听取了相关专家、同行及行业内相关从业者的建议，在此一并深表感谢。

装配式建筑是国内刚起步、正在发展中的行业，装配式混凝土建筑相关的课题正在研究探索之中，相关的参考资料比较匮乏，加上编者理论水平和实践经验有限，书中难免有错误和不当之处，敬请各位学者、读者批评指正。

编者

2020 年春

扫码获取课件

扫码获取题库

“行水云课”数字教材使用说明

“行水云课”水利职业教育服务平台是中国水利水电出版社立足水电、整合行业优质资源全力打造的“内容”+“平台”的一体化数字教学产品。平台包含高等教育、职业教育、职工教育、专题培训、行水讲堂五大版块，旨在提供一套与传统教学紧密衔接、可扩展、智能化的学习教育解决方案。

本套教材是整合传统纸质教材内容和富媒体数字资源的新型教材，将大量图片、音频、视频、3D动画等教学素材与纸质教材内容相结合，用以辅助教学。读者登录“行水云课”平台，进入教材页面后输入激活码激活，即可获得该数字教材的使用权限。可通过扫描纸质教材二维码查看与纸质内容相对应的知识点多媒体资源，完整数字教材及其配套数字资源可通过移动终端APP、“行水云课”微信公众号或中国水利水电出版社“行水云课”平台查看。

内页二维码具体标识如下：

· Ⓕ为动画

· ▶为微课

多媒体知识点索引

目录

第1章　绪　论

学习目标

(1) 掌握装配式建筑的概念。

(2) 了解国内外装配式建筑的发展起源及现状。

(3) 掌握装配式建筑的优缺点。

(4) 了解全国及各地区装配式建筑的相关政策。

1.1　装配式建筑概述

1.1.1　装配式建筑的概念

装配式建筑，简单来说就是由预制部品部件在工地装配而成的建筑。国家标准《装配式混凝土建筑技术标准》(GB/T 51231—2016) 对装配式建筑的定义如下：结构系统、外围护系统、设备与管线系统、内装系统的主要部分采用预制部品部件集成的建筑。其中，部件是指在工厂或现场预先生产制作完成，构成建筑结构系统的结构构件或其他构件的统称，如预制柱（图 1.1)、预制梁（图 1.2)、预制外挂墙板（图 1.3)、预制楼板（图 1.4）等；部品是指由工厂生产，构成外围护系统、设备与管线系统、内装系统的建筑单一产品或复合产品组装而成的功能单元的统称，如模块式单元（图 1.5)、集成式卫生间（图 1.6）等。

图 1.1　预制柱

图 1.2　预制梁

《装配式混凝土建筑技术标准》中对于装配式建筑各部分系统主要包含的内容如下：

(1) 结构系统：由梁、板、柱、剪力墙、支撑等结构构件通过可靠的连接方式装配而成，以承受或传递荷载作用的整体。

图 1.3　预制外挂墙板

图 1.4　预制楼板

图 1.5　模块式单元

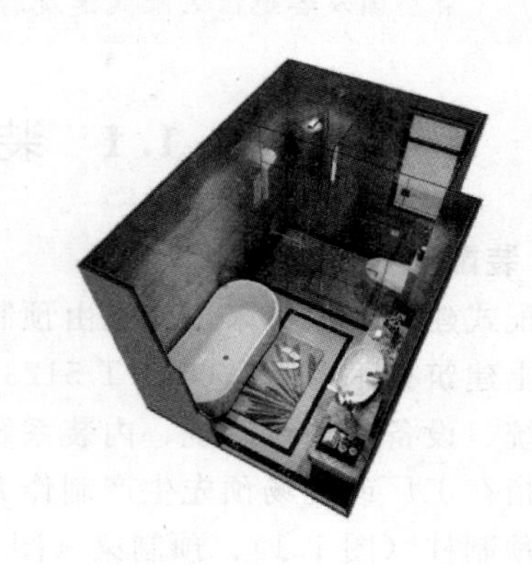
图 1.6　集成式卫生间

(2) 外围护系统：由建筑外墙、屋面、外门窗及其他部品部件等组合而成，用于分隔建筑室内外环境的部品部件的整体。

(3) 设备与管线系统：由给水排水、供暖通风空调、电气和智能化、燃气等设备与管线组合而成，满足建筑使用功能的整体。

(4) 内装系统：由楼地面、墙面、轻质隔墙、吊顶、内门窗、厨房和卫生间等组合而成，满足建筑空间使用要求的整体。

1.1.2　装配式建筑的分类

1. 按主体结构材料分类

根据主体结构使用材料的种类，装配式建筑分为装配式木结构建筑、装配式钢结构建筑、装配式混凝土结构建筑及装配式组合结构建筑，如图 1.7 所示。

2. 按结构体系分类

根据装配式建筑的结构体系，装配式建筑分为装配整体式框架结构体系、装配整体式剪力墙结构体系、装配整体式框架—剪力墙结构体系、装配整体式框架—核心筒结构体系、装配整体式部分框支剪力墙结构体系等。除以上结构体系之外，部分高校和企业还研发有叠合板式剪力墙结构体系、内浇外挂剪力墙结构体系、水泥聚苯模壳装配式建筑体系、预制圆孔板剪力墙结构体系等。

(a) 装配式木结构建筑

(b) 装配式钢结构建筑

(c) 装配式混凝土结构建筑

(d) 装配式组合结构建筑(混凝土+钢)

图 1.7 装配式建筑按主体结构材料分类

3. 按建筑高度分类

根据装配式建筑的高度，装配式建筑分为低层装配式建筑、多层装配式建筑、高层装配式建筑及超高层装配式建筑。

4. 按装配率分类

《装配式建筑评价标准》(GB/T 51129—2017) 根据装配式建筑的装配率，将装配式建筑分为 A 级装配式建筑 (装配率 60%～75%)、AA 级装配式建筑 (装配率 76%～90%)、AAA 级装配式建筑 (装配率 91%及以上)。

1.2 装配式建筑发展进程

1.2.1 国外装配式建筑发展进程

近现代国外装配式建筑的起源可以追溯到 1891 年，法国巴黎的 Ed. Coigent 公司第一次在 Biarritz 的俱乐部建筑建造过程中使用了预制混凝土构件。20 世纪 50 年代，第二次世界大战的爆发导致大量居住建筑被摧毁，住房及劳动力的双重紧缺推动了欧洲一些发达国家装配式建筑的快速发展，并逐步刮起了一阵建筑工业化的改革之风。之后到了 20 世纪 60 年代，建筑工业化的风潮逐步扩展到美国、加拿大及日本等发达国家，它们纷纷开始研究并应用装配式建筑。早在 1989 年举办的第 11 届国际建筑研究与文献委员会大会上，建筑工业化便已经被列为当时世界建筑技术发展八大趋势之一。

纵观装配式建筑的发展起源，瑞典最先是由民营企业自主开发大型混凝土板的装配式建筑，之后逐步开始大力发展以通用部件为基础的装配式建筑。目前，瑞典已形成较为完善的通用部件体系，其新建住宅中采用通用部件的比例高达80%以上，单位面积耗能与传统住宅相比降低2/3以上。

英国装配式建筑的起源可以追溯到20世纪初。第一次世界大战之后，英国面临因建筑材料和人工极度紧缺造成的住宅短缺，政府迫切需要通过建造方式的革新来解决这一问题，因而进行了多种结构的探索，其中就包括装配式建筑。然而随着材料及人工的逐渐充足，传统的建造方式重新占据主导。第二次世界大战结束后，英国再次陷入住宅紧缺，英国政府在1945年发布的白皮书中要求重点发展工业化来弥补传统建筑。同时，战争结束后剩余的钢铁和铝等材料，也推动英国政府寻求新的建筑建造形式，多方面的因素使得英国在之后建造了大量装配式钢结构、木结构、混凝土结构及混合结构建筑。

美国的装配式建筑最早可以追溯到20世纪30年代，当时它仅仅是房车的一个分支业务，目的是为迁移、喜欢移动生活的人提供一个住所（图1.8）。到了40年代的第二次世界大战期间，野营人数减少，房车被固定下作为临时的住宅使用。到了50年代，随着人口增长，军人复员，美国出现了严重的住宅紧缺问题，部分人不得不选择房车作为住宅使用。受到它的启发，部分住宅生产商设计出一种外观接近传统住宅，但能用大型汽车拖到各个地方安装固定的装配式住宅。可以说，房车是美国装配式建筑的灵感来源与雏形。

图1.8　美国早年的房车

日本同样在战后面临的一大问题就是住房紧缺。据不完全统计，20世纪40年代日本当时1700万户中约有420万户，占1/4左右。为了解决“房荒”问题，日本政府从1955年开始制定并实施“住宅建设十年计划”，1961年实施“住宅建设五年计划”，1966年正式制定颁布《住宅建设计划法》，制定实施新的“住宅建设五年计划”。在计划中，制定了住宅的发展目标、人均住宅居住标准、公营住宅、公团住宅建设数量、新技术应用等内容。通过工厂生产住宅的方法开展大规模快速建造，日本在60年代初基本缓解了住房紧张问题。

德国的装配式建筑起源于20世纪20年代，推动其发展的原因主要有两个：一是社会经济因素，城市化发展需要以较低的造价迅速建设大量住宅、办公楼和厂房等建筑；二是建筑审美因素，建筑及设计界摒弃古典建筑形式及其复杂的装饰，崇尚极简的新型建筑美学，尝试新的建筑材料，如混凝土、钢筋、玻璃等，在雅典宪章所推崇的城市功能分区思想指导下，建设大规模居住区，促进了建筑工业化的应用。图1.9为德国最早的预制混凝土建筑——柏林施普朗曼居住小区，它建于1926—1930年，属于预制混凝土板式结构，是柏林利希藤伯格—弗里德希菲尔德当地的战争伤残军人住宅区。该项目共有138套住宅，为2～3层楼建筑，采用现场预制混凝土多层复合板材构件，构件最大质量达到7t。

图1.9 德国最早的预制混凝土建筑——柏林施普朗曼居住小区

1.2.2 我国装配式建筑发展进程

1. 我国装配式建筑源头

众所周知，中国的古建筑以巧夺天工的木架构闻名于世，例如图1.10、图1.11建于1056年的山西应县木塔，至今已有近千年历史，历经几次地震均未破坏。这类古建筑几乎都采用榫卯这种独特的建造工艺，将预制好的建筑木材等进行拼装，这其实就是装配式的理念。中国最早的木架构的历史可以追溯到距今约7000年的河姆渡时期，且在秦汉时期木架构建筑体系已经趋于完善，到了宋元明清时期，中国的古建筑都按照严格的方法和标准施工。

图1.10 山西应县木塔

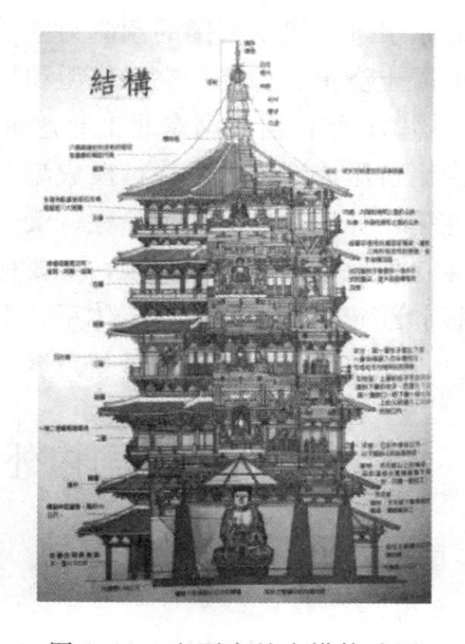

图1.11 山西应县木塔构造图

榫卯这种巧妙的建造方式正是装配式施工方式在我国最早的体现。中国古典建筑设计之所以走向定型化，主要的原因就是需要配合制造和施工中的“预制”和“装配”要求，即各种构件、各个工种“制度”（大小、规格、种类等）的制定，目的就是为“批量生产”服务。

2. 我国装配式建筑发展初期

我国真正意义上的装配式建筑发展较晚。最初于1950—1976年期间，我国装配式建筑全面学习苏联，当时我国的设计标准，包括建筑设计、钢结构、木结构和钢筋混凝土结构设计规范全部译自俄文，直接引用，应用的领域也从最初的工业建筑和公共建筑，逐步拓展到居住建筑。20世纪50年代，随着我国第一个五年计划的完成，工业化的基础初步建成，随后开始了大规模的基本建设，建筑工业快速发展。工业建筑方面，在苏联的帮助下，全国建设的153个大项目大都采用了装配式技术。各大型工地现场，柱、梁、屋面板以及屋架都在工地附近的场地预制，之后在现场用履带式起重机吊装。当时工业建筑的工业化程度已达到较高的水平，但墙体仍采用小型黏土砖人工砌筑。居住建筑方面，城镇的大规模建设促进了预制装配技术的快速发展，以空心楼板（图1.12）为典型代表的预制构件被普遍应用。当时的预制厂投资低，技术普遍较落后，以手工操作为主，效率和质量较低。以空心楼板为例，预制厂使用简单的木模，在场地上人工翻转预制，待混凝土达到一定强度后再把组装成的圆芯抽出，由于单块空心楼板质量并不大，现场单靠人力就可抬起就位，无需机械吊装设备。

图1.12　空心楼板

后来多个大城市开始建设正规的构件厂，典型的如北京第一和第二构件厂（后来发展成为榆构公司）。该厂采用机组流水法以钢模在振动台上成型，并通过蒸汽养护后送往堆场，成为预制构件生产的典范。此后全国混凝土构件预制技术飞速发展，各地数以万计的大小预制构件厂如雨后春笋般出现，并引入了国外先进生产流水线，同时国内也在抓紧研制相关设备。如北京引进了民主德国的预应力空心楼板制造机（康拜因联合机），能在长线台座上同时完成混凝土浇筑、振捣、空心成型和抽芯等多个工序，这实际上是后来美国SP大板的雏形。20世纪70年代由我国东北工业建筑设计院（现中国建筑东北设计研究院有限公司）在沈阳研制出挤压成型机（也称行模成型机），开创了国内预应力钢筋混凝土多孔板生产新工艺，后在柳州等地推广应用。除柱、梁、屋面板、屋架、空心楼板等构件大量被应用外，墙体的工业化发展也逐渐开始起步，主要代表有北京的振动砖墙板、粉煤灰矿渣混凝土内外墙板、大板和红砖结合的内板外砖体系，上海的硅酸盐密实中型砌块，哈尔滨的泡沫混凝土轻质墙板。这些技术体系从墙材革新角度入手，推动了当时的装配式建筑。

1.3　国内外装配式建筑发展现状

1.3.1　国外装配式建筑发展现状

1. 美国

美国住房和城市发展部自装配式建筑初期便出台了一系列严格的行业标准规范，一直沿用至今，并与后来的美国建筑体系逐步融合。美国城市住宅结构基本上以工厂化、混凝土装配式和钢结构装配式为主，降低了建设成本，提高了工厂通用性，增加了施工的可操作性。

总部位于美国的预制/预应力混凝土协会PCI（Precast/Prestressed Concrete Institute）编制了《PCI设计手册》，其中包括了装配式结构的相关部分。该手册不仅在美国，而且在整个国际上也具有非常广泛的影响力。从1971年的第一版开始，PCI设计手册已经编制到了第七版，该版手册与IBC 2006、ACI 318—05、ASCE 7—05等标准协调。除了PCI设计手册外，PCI还编制了一系列的技术文件，包括设计方法、施工技术和施工质量控制等方面。

2. 欧洲

欧洲的高层建筑不是很多，装配式建筑以多层为主，主要是框架结构，也有预制永久性混凝土模板建造的剪力墙结构（双面叠合剪力墙）。欧洲制作混凝土构件的自动化程度很高，装配式建筑装备制造业非常发达，居于世界领先地位。其中，几个典型代表如下。

法国建筑工业化以混凝土体系为主，钢、木结构体系为辅，多采用框架或板柱结构体系，并逐步向大跨度发展。近年来，法国建筑工业化呈现的特点有以下几点：

(1) 焊接连接等干法作业流行。

(2) 结构构件与设备、装修工程分开，减少预埋，使得生产和施工质量提高。

(3) 主要采用预应力混凝土装配式框架结构体系，装配率达到80%，脚手架用量减少50%，节能可达到70%。

德国的装配式住宅主要采取叠合板混凝土剪力墙结构体系，剪力墙板、梁、柱、楼板、内隔墙板、外挂板、阳台板等构件采用构件装配式，耐久性较好。众所周知，德国是世界上建筑能耗降低幅度发展最快的国家，直至近几年提出零能耗的被动式建筑。从大幅度的节能建筑到被动式建筑，德国都采取了装配式的住宅来实施，这就需要装配式住宅与节能标准相互之间充分融合。

丹麦是一个将模数法制化应用在装配式住宅的国家，国际标准化组织ISO模数协调标准即以丹麦的标准为蓝本编制。丹麦推行建筑工业化的途径实际上是以产品目录设计为标准的体系，使部件达到标准化，然后在此基础上，实现多元化的需求，所以丹麦建筑实现了多元化与标准化的和谐统一。早在2014年，丹麦新建住宅之中通用部件占到了80%，既满足多样性的需求，又达到了50%以上的节能率，这种新建建筑比传统建筑的能耗有大幅度的下降。

1975年，欧洲共同体委员会决定在土建领域实施一个联合行动项目。项目的目的是消除对贸易的技术障碍，协调各国的技术规范。在该联合行动项目中，委员会采取一系列措施来建立一套协调的用于土建工程设计的技术规范，最终将取代国家规范。1980年产生了第一代欧洲规范，包括EN 1990—EN 1999（欧洲规范0—欧洲规范9）等。1989年，委员会将欧洲规范的出版交予欧洲标准化委员会，使之与欧洲标准具有同等地位。其中EN 1992—1—1—2011《欧洲规范2》的第一部分为混凝土结构设计的一般规则和对建筑结构的规则，是由代表处设在英国标准化协会的《欧洲规范》技术委员会编制的，另外还有预制构件质量控制相关的标准，如《预制混凝土构件质量统一标准》EN 13369等。

总部位于瑞士的国际结构混凝土协会FIB（International Federation for Structural Concrete）于2012年发布了新版的《模式规范》（MC 2010）。MC 2010建立了完整的混凝土结构全寿命设计方法，包括结构设计、施工、运行及拆除等阶段。此外，FIB还出版了大量的技术报告，为理解《模式规范》（MC 2010）提供了参考，其中与装配式混凝土结构相关的技术报告，涉及了结构、构件、连接节点等设计的内容。

3. 日本

1990年，日本采用部件化、工厂化生产方式，提高生产效率，使住宅内部结构可变，适应多样化的需求。而且日本有一个非常鲜明的特点，从一开始就追求中高层住宅的配件化生产体系，这种生产体系能满足日本人口比较密集的住宅市场特点。日本装配式混凝土建筑多为框架结构、框-剪结构和筒体结构，预制率比较高。日本许多钢结构建筑也用混凝土叠合楼板、预制楼梯和外挂墙板。

值得一提的是，日本通过立法来保证混凝土构件的质量，在装配式住宅方面制定了一系列的方针政策和标准，同时也形成了统一的模数标准，解决了标准化、大批量生产和多样化需求这三者之间的矛盾。日本的标准包括建筑标准法、建筑标准法实施令、国土交通省告示及通令、协会（学会）标准、企业标准等，涵盖了设计、施工等内容。其中日本建筑学会 AIJ（Architectural Institute of Japan）制定了装配式结构相关技术标准和指南。1963年成立的日本预制建筑协会在推进日本预制技术的发展方面做出了巨大贡献，该协会先后建立PC工法焊接技术资格认证制度、预制装配住宅装潢设计师资格认证制度、PC构件质量认证制度、PC结构审查制度等，编写了《预制建筑技术集成》丛书，其中包括剪力墙预制混凝土（W-PC）、剪力墙式框架预制钢筋混凝土（WR-PC）及现浇同等型框架预制钢筋混凝土（R-PC）等内容。

4. 新加坡

新加坡开发出15～30层的单元化装配式住宅，占全国总住宅数量的80%以上。该装配式住宅通过平面的布局，使得部件尺寸和安装节点尽量重复来实现标准化。此外，装配式住宅以设计为核心，在设计和施工过程中实现工业化，并相互之间配套融合，使装配率达到70%。新加坡等地的装配式混凝土建筑技术与日本接近，应用比较普遍，但比例不像日本那么大。目前，亚洲的装配式建筑发展正处于上升期。

1.3.2 国内装配式建筑发展现状

1. 我国装配式建筑发展情况

我国装配式建筑自20世纪50年代起步，一直到80年代，各种预制屋面梁、吊车梁、预制屋面板、预制空心楼板以及大板建筑等得到了普遍应用，当时的装配式建筑可以说达到了一个高峰。然而，由于运输困难、漏水和抗震性能比较差，而且住宅不保温，尤其在唐山大地震中大板建筑倒塌严重，导致装配式建筑发展在我国经历了一段停滞期，这也导致了目前我国建筑工业化率仍保持在较低水平。日本、美国、瑞典等国的建筑工业化率都在70%～80%，而我国建筑工业化率仅有5%左右。

中国的城镇化进程近几年发展迅猛，建筑业也成为最为受益的行业之一，而建筑工业化也随着建筑业的发展被重新提上议程。从2013年国家发展和改革委、住房和城乡建设部发布《绿色建筑行动方案》开始，国家密集颁布关于推广装配式建筑的政策文件，在发展规划、标准体系、产业链管理、工程质量等多个方面作出了明确要求。2016年2月，国务院颁发《关于进一步加强城市规划建设管理工作的若干意见》（以下简称《意见》），标志着国家正式将推广装配式建筑提升到国家发展战略的高度。《意见》强调，我国须大力推广装配式建筑，建设国家级装配式生产基地；加快政策支持力度，力争用10年左右时间，使装配式建筑占新建建筑的比例达30%。2018年的《政府工作报告》进一步强调，大力发展钢结构和装配式建筑，加快标准化建设，提高建筑技术水平和工程质量。住房和城乡建设部相关负责人表示，未来我国将以京津冀、长三角、珠三角三大城市群为重点，大力推广装配式建筑，完成用10年左右时间使装配式建筑占新建建筑面积的比例达到30%的目标。业内专家预测，未来10年中国装配式建筑的市场规模累计将达到2.5万亿元，市场发展空间巨大。

在技术研究方面，我国在预制装配整体式结构的研究上取得了一些成果，许多高校和企业为预制装配整体式结构的研究与推广做出了贡献。同济大学、清华大学、东南大学以及哈尔滨工业大学等高校均进行了预制装配整体式框架结构的相关构造研究；万科集团、远大住工集团等企业也大力推广应用预制装配整体式结构。

近年来，在政策的推动下，我国装配式建筑发展十分迅速，截至 2018 年底，全国已有 56 个国家住宅产业化基地，11 个住宅产业化试点城市，行业整体呈现出蓬勃发展的状态。图 1.13 为我国新建装配式建筑面积统计情况图，从图中可以看到，2017 年我国装配式建筑新增面积约为 1.5 亿 m^2，2018 年达到 2.9 亿 m^2，同比增长 90.29%。可以说，装配式建筑在我国的发展是大势所趋。

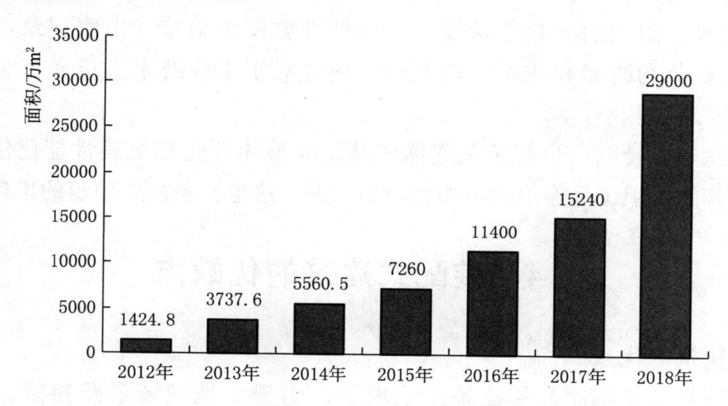

图 1.13　我国新建装配式建筑面积统计情况

2. 我国装配式建筑发展存在的问题

一方面，我国装配式建筑发展势头十分迅猛，但不可否认的是，目前主要的应用还是一些非结构构件，如预制外挂墙板、预制楼梯及预制阳台等，对于承重构件的应用（如梁、柱等）还是比较少。尽管叠合技术及其构造的研究已经很成熟，但在工业与民用建筑中，装配整体式结构的比例仍然远远小于现浇结构，我国装配式建筑发展存在的问题主要有以下几点：

（1）建造成本较高。目前，预制构件生产企业处于市场起步阶段，构件产量低，没有形成生产规模，与传统现浇混凝土结构相比成本偏高。据统计，装配式建筑每平方米造价比现浇式建筑高出 500～800 元。同时，预制构件企业按照工业企业进行征税，预制构件增值税达到了 17%，增加了生产成本，不利于装配式建筑的推广。

（2）专业人才缺乏。目前，全国的大专院校基本上没有装配式建筑相关专业，也没有对技术工人完整的培训渠道，造成相关管理人才和技术人才均极度缺乏。同时，装配式建筑虽然减少了混凝土浇筑、支模和钢筋绑扎等方面的现场用工量，但同时也增加了构件吊装、灌浆和节点连接等方面的人工用量，并且施工难度更大，普通的施工队伍人员素质较低，缺乏施工经验，很难满足装配式建筑的施工要求。

（3）缺乏技术支持。装配式建筑全生命周期涉及“设计—生产—施工—运维”各个阶段，这就要求实施装配式建筑的企业最好熟悉工程总承包（EPC）模式，并有一定的建筑信息模型（BIM）技术。EPC总承包管理模式的核心思想符合装配式建筑的发展要求，2016年9月，国务院印发的《关于大力发展装配式建筑的指导意见》，其中有一条明确提出，装配式建筑项目重点应用EPC总承包管理模式；BIM技术可以提高装配式建筑协同设计效率，降低设计误差，优化预制构件的生产流程，改善预制构件库存管理，模拟优化施工流程，实现装配式建筑运维阶段的质量管理和能耗管理，有效提高装配式建筑设计、生产和维护的效率。例如，在设计阶段，利用BIM技术所构建的设计平台，装配式建筑设计中的各专业设计人员能够快速地传递各自专业的设计信息，对设计方案进行“同步”修改；在施工阶段，利用BIM技术结合无线射频识别（RFID）技术，通过在预制构件生产的过程中嵌入含有安装部位及用途信息等构件信息的RFID芯片，存储验收人员及物流配送人员可以直接读取预制构件的相关信息，实现电子信息的自动对照，减少在传统的人工验收和物流模式下出现的验收数量偏差、构件堆放位置偏差、出库记录不准确等问题的发生，可以明显地节约时间和成本。以上部分内容对于工程技术人员属于全新内容，需要花费一定时间学习掌握。

（4）思想观念还未转变。尽管装配整体式结构的整体性能和抗震性能已经有了很大的提高，但是人们对其的认识还是停留在不如现浇结构上，这也给装配式建筑的推广带来了困难。

1.4　装配式建筑的优缺点

1.4.1　装配式建筑的优点

图1.14是日本东京某超高层建筑工地现场，由于工地现场道路狭窄，运送预制混凝土构件的大型车辆无法通行，施工企业便干脆在工地建了一个临时预制构件生产工厂。宁愿在工地现场预制构件，为什么不直接现浇呢？日本技术人员的回答是装配式建筑的质量会更加好，且可以缩短工期。在日本，有的超高层住宅在销售时，还特别强调该建筑是装配式建筑，可见其质量已得到公众的普遍认可。

图1.14　日本东京某超高层建筑工地的临时预制构件工厂

与现浇混凝土结构建筑相比，装配式混凝土结构建筑的优势主要有：提升建筑质量、提高效率和缩短工期、节约材料、节能减排环保、节省劳动力并改善劳动条件、方便冬季施工等。

1. 提升建筑质量

（1）对于混凝土结构。装配式混凝土建筑与现浇混凝土建筑相比，并不仅仅是单纯的施工工艺的改变，而是整个建筑体系以及运作方式都发生了变革，最终实现建筑质量的提升，表现在如下几个方面：

1）在设计阶段，精细化、协同化是装配式混凝土建筑设计的两大特点。如果设计不精细，构件制作好了才发现问题，就会造成很大的损失。因此，装配式建筑在设计时需要更深入、更细化，各方协同参与，提高设计质量。

2）在预制构件生产阶段，精度是构件生产的要点。现浇混凝土结构的误差通常以厘米计，而预制构件的误差则以毫米计，误差过大会导致后续无法装配。预制构件在工厂内采用精细的模具生产，并在钢模台上制作，容易实现和控制构件品质。此外，预制构件的高精度会“逼迫”现场现浇混凝土部分精度的提高。例如日本某外立面是预制墙板反打瓷砖的建筑，100多米高的外墙面，误差不超过2mm，瓷砖砖缝笔直整齐，现场贴砖作业是很难达到如此精度的。此外，装配式预制构件在工厂内制作生产，可实现建筑自动化和智能化生产。自动化和智能化减少了人、自然环境等不确定因素对建筑质量的不利影响，由此可最大化避免人为错误，提高产品质量。并且，工厂作业环境比工地现场更适合系统化且细致地进行质量检查和控制。

3）在现场施工阶段，由于模具组装不易做到严丝合缝，现浇的混凝土容易漏浆；墙、柱等立式构件不易做到很好的振捣；现场也很难做到符合要求的养护。而工厂预制构件时，模具组装可以尽量做到严丝合缝，使混凝土不易漏浆；墙、柱等立式构件可以实现“平躺”浇筑，振捣方便且均匀；板式构件可在振捣台上振捣，效果更好；构件养护一般采用蒸汽养护方式，养护的升温速度、恒温保持、降温速度以及养护湿度用计算机控制，养护质量大大提高。

（2）对于其他结构。钢结构、木结构装配式和集成化内装修的优势是显而易见的，工厂制作的部品部件由于剪裁、加工和拼装设备的精度高，有些设备还实现了自动化数控化，使产品质量大幅度提高。

从生产组织体系上来看，装配式将建筑业传统的层层竖向转包变为扁平化分包。层层转包最终将建筑质量的责任系于流动性非常强的农民工身上；而扁平化分包，建筑质量的责任由专业化制造工厂分担。工厂有厂房、有设备，保证质量责任容易追溯。

2. 提高效率和缩短工期

装配式建筑能够提高效率，缩短工期。半个多世纪前北欧开始大规模建装配式混凝土建筑的初衷就是为了提高效率，在短时间内完成建造。主要体现在如下几个方面：

（1）装配式结构建筑是一种集约生产方式，构件制作可以实现机械化、自动化和智能化，大幅度提高生产效率。欧洲生产叠合楼板的专业工厂，年产120万m^2楼板的生产线上只有6个工人，而手工作业方式生产同量的楼板大约需要200个工人。

（2）装配式结构建筑使一些高处和高空作业转移到车间进行，即使没有搞自动化，生产效率也会提高。工厂作业环境比现场优越，工厂化生产不受气象条件制约。并且，预制构件的制作与安装可通过合理安排实现同时进行。图1.15为建造时的英特尔大连存储器芯片厂，该厂房建筑面积10万m^2，共3层，钢筋混凝土框架结构，如果采用现浇方式，工期需要2年，而该工程采用的装配式结构工期只用了半年，整整缩短了

图1.15　建造时的英特尔大连存储器芯片厂

3/4工期。由于湿作业很少，工厂生产线和设备管线安装可以跟随结构流水作业，将总工期大大缩短。

（3）工厂比工地调配平衡劳动力资源也更为方便。

3. 节约材料

不管是钢结构、木结构还是装配式混凝土结构，装配式能够节约材料，实行内装修和集成化也会大幅度节约材料。主要表现在如下几方面：

（1）减少模具、脚手架等材料消耗。有施工企业统计，采用装配式可节约模具材料达50%以上，减少脚手架材料消耗达70%以上。

（2）现浇混凝土使用商品混凝土，用混凝土罐车运输，每次运输混凝土都会有浆料挂在罐壁上，混凝土搅拌站出仓混凝土量比实际浇筑混凝土量大约多2%，这些多余量都挂在混凝土罐车上，还要用水冲洗掉。此外，现场浇筑过程中也难免会造成部分混凝土浪费。装配式建筑则大大减少了这部分损耗。

（3）装配式建筑精细化和集成化会降低各个环节（如围护、保温、装饰）的材料与能源消耗，集约化装饰也能大量节约材料。

4. 节能减排环保

装配式建筑可以节能减排环保，主要体现在以下几点：

（1）装配式建筑可节约原材料最高达20%，自然会降低能源消耗，减少碳排放量。

（2）运输构件比运输混凝土减少了罐的重量和为防止混凝土初凝转动罐的能源消耗。

（3）装配式建筑会大幅度减少工地建筑垃圾，最多可减少80%。

（4）装配式建筑大幅度减少混凝土现浇量，从而减少工地养护用水和冲洗混凝土罐车的污水排放量。预制工厂养护用水可以循环使用，节约用水20%～50%。

（5）装配式建筑会减少工地浇筑混凝土振捣作业，减少模板、砌块和钢筋的切割作业，减少现场支拆模板，由此减轻施工噪声污染。

（6）装配式建筑工地能减少扬尘。内外墙无须抹灰，减少灰尘及落地灰等。

5. 节省劳动力并改善劳动条件

（1）节省劳动力。工厂化生产与现场作业比较，可以较多地利用设备和工具，包括自动化设备，可以节省劳动力。节省多少主要取决于装配率大小、生产工艺自动化程度和连接节点复杂程度。据统计，装配率高、自动化程度高和安装节点简单的工程，可节省劳动力50%以上。

（2）改变从业者的结构构成。装配式可以大量减少工地劳动力，使建筑业农民工向产业工人转化，提高素质。由于设计精细化和拆分设计、产品设计、模具设计的需要，以及精细化生产与施工管理的需要，建筑技术工人比例会有所增加。由此，建筑业从业人员的构成将发生变化，其知识化程度得以提高。

（3）改善工作环境。装配式把施工现场作业转移到工厂进行，使得高处或高空作业转移到平地进行，风吹日晒雨淋的室外作业转移到车间里进行，工作环境大大改善。工厂的工人可以在工厂宿舍或工厂附近住宅区居住，不用住工地临时工棚。装配式使很大比例的建筑工人不再流动，从而定居下来，解决了夫妻分居、留守儿童等社会问题。

6. 方便冬季施工

对于北方寒冷地区，可利用气温低不宜现场施工的时间段在工厂完成预制构件的制作。并且，装配式建筑的冬季施工，只需对构件连接处做局部围护保温，叠合楼板现浇可用暖被覆盖，也可搭设折叠式临时暖棚，冬季施工的成本比现浇建筑低很多。

1.4.2 装配式建筑的缺点

装配式建筑是全世界建筑发展的趋势，但装配式不是万能的，更不是完美的，存在着的缺点有待进一步改进。

1. 装配整体式混凝土结构的缺点

(1) 成本控制难。从世界各国的经验看，装配式混凝土建筑的成本比现浇低，至少不高。但目前中国装配式混凝土建筑比现浇混凝土建筑成本高，这也是目前许多单位不愿接受装配式的主要原因。据统计，以主体结构总成本（不含建筑、水电、装修）为基效，我国装配式建筑成本比现浇式高出10%～40%。高的原因主要在：因提高建筑安全性和质量而增加的成本被算在了装配式的账上；我国高层住宅多采用剪力墙结构体系，结构连接点多，成本确实会高一些；我国处于装配式建筑发展初期，由于技术上的审慎削弱了装配式原本的成本优势；装配式初期工厂未形成规模化生产，且没有形成专业化分工，部分工厂缺乏经验，从而使得构件生产成本较高；发达国家劳动力成本非常高，采用装配式会大幅降低人工成本，对我国而言节约劳动成本力度没有发达国家大。

(2) 连接点比较“娇贵”。现浇混凝土建筑每个构件内要求钢筋在同一截面连接接头的数量不能超过50%，但装配整体式混凝土结构，一层楼所有构件的所有钢筋都在同一截面连接。而且，连接构造制作和施工比较复杂，精度要求高，对管理的要求高，连接作业要求监理和质量管理人员旁站监督。这些连接点往往钢筋较多，现场作业环节复杂，对后浇混凝土施工质量比较依赖，出现结构安全隐患的概率大。

(3) 对误差和遗漏的宽容度低。构件连接处误差大了几毫米就无法安装，预制构件内的预埋件和预埋物一旦遗漏也很难补救，只有重新制作构件造成损失和工期延误，或者采取某些补救措施，但容易留下质量与结构安全隐患。

(4) 适用高度降低。规范规定装配整体式混凝土结构的适用建筑高度与现浇混凝土结构比较有所降低，是否降低和降低幅度与结构体系、连接方式有关，一般降低10～20m，最多降低30m。

(5) 叠合楼板不适宜无吊顶建筑。国外装配式住宅的天棚都有吊顶，这样既不需要在叠合楼板现浇层埋设管线，也不需要处理叠合板缝。而我国大多数住宅不吊顶，采用预制叠合楼板并不适宜，主要是很难解决板缝问题。板缝之间采用现浇带，构件制作和现场施工都麻烦，得不偿失，也没有从根本上解决裂缝问题。

2. 装配式钢结构建筑的缺点

现在几乎没有在现场剪裁、加工钢结构部件的工程了，钢结构建筑部件都是在工厂加工的，因此，可认为钢结构建筑都是装配式建筑，没有预制与现场制作进行比较一说。装配式钢结构建筑的缺点也就是钢结构建筑的缺点。

装配式钢结构建筑的缺点有3点：

(1) 多层和高层住宅的适宜性还需要进一步探索。

(2) 防火成本较高。

(3) 确保耐久性的代价较高。

3. 装配式木结构建筑的缺点

同装配式钢结构一样，可认为木结构建筑都是装配式建筑，那么装配式木结构建筑的缺点也就是木结构建筑的缺点。

装配式木结构建筑的缺点有4点：

(1) 防火性能较差。

(2) 防腐成本较高。

(3) 建筑高度受到一定限制。

(4) 成本方面优势不大。

1.5 我国装配式建筑的相关政策

1.5.1 国家装配式建筑政策

在过去的很长一段时间，中共中央、国务院在《关于大力发展装配式建筑的指导意见》《国务院办公厅关于促进建筑业持续健康发展的意见》等多个政策中明确提出了“力争用10年左右时间使装配式建筑占新建建筑的比例达到30%”的具体目标。

2016年9月27日，国务院办公厅发布《关于大力发展装配式建筑的指导意见》，提出要以京津冀、长三角、珠三角三大城市群为重点推进地区，常住人口超过300万人的其他城市为积极推进地区，其余城市为鼓励推进地区，因地制宜发展装配式钢结构等装配式建筑，标志着装配式建筑正式上升到国家战略层面。

在顶层框架的要求指引下，2017年年底以来，住建部和国务院共同出台政策协同推进加快装配式建筑发展：一方面，不断完善装配式建筑配套技术标准；另一方面，对落实装配式建筑发展提出了具体要求。2016—2018年国家装配式建筑重点支持政策见表1.1。

表1.1 2016—2018年国家装配式建筑重点支持政策

时间	部门	政策	相关内容
2017年5月	国务院	《“十三五”节能减排综合工作方案》	到2020年，城镇绿色建筑面积占新建建筑面积比重提高到60%。实施绿色建筑全产业链发展计划，推行绿色施工方式，推广节能绿色建材、装配式和钢结构建筑
2017年5月	住房与城乡建设部	《建筑业发展“十三五”规划》	到2020年，城镇绿色建筑占新建建筑比例达到50%，新开工全装修成品住宅面积达到30%，绿色建材应用比例达到40%。装配式建筑面积占新建建筑面积比例达到15%
2017年3月	住房与城乡建设部	《“十三五”装配式建筑行动方案》《装配式建筑示范城市管理办法》《装配式建筑产业基地管理办法》	进一步明确阶段性工作目标，落实重点任务，强化保障措施

续表

时间	部门	政　策	相　关　内　容
2017年2月	国务院	《关于促进建筑业持续健康发展的意见》	力争用10年左右的时间，使装配式建筑占新建建筑面积的比例达到30%
2016年10月	工信部	《建材工业发展规划(2016—2020年)》	绿色建材主营业务收入在建筑业用产品中占比由2015年的10%提升至2020年的30%。
2016年9月	国务院	《关于大力发展装配式建筑的指导意见》	以京津冀、长三角、珠三角城市群为重点推进区，常住人口超300万的其他城市为积极推进区，其余城市为鼓励推进区，发展装配式建筑。力争10年左右使装配式建筑在新建建筑面积中占比达30%。推广绿色建材并提高其在装配式建筑中的应用比例，强制淘汰不符合节能环保要求、质量性能差的建材
2016年8月	住房与城乡建设部	《2016—2020年建筑业信息化发展纲要》	加强信息化技术在装配式建筑中的应用
2016年2月	国务院	《关于进一步加强城市规划建设管理工作的若干意见》	建设国家级装配式建筑生产基地。力争用10年时间使装配式建筑占新建建筑的比例达到30%

2017年3月23日，住房和城乡建设部印发《“十三五”装配式建筑行动方案》《装配式建筑示范城市管理办法》《装配式建筑产业基地管理办法》。《“十三五”装配式建筑行动方案》明确提出：到2020年，全国装配式建筑占新建建筑的比例达到15%以上，其中重点推进地区达到20%以上，积极推进地区达到15%以上，鼓励推进地区达到10%以上。

到2020年，培育50个以上装配式建筑示范城市，200个以上装配式建筑产业基地，500个以上装配式建筑示范工程，建设30个以上装配式建筑科技创新基地，充分发挥示范引领和带动作用。具体指标数据如表1.2所示。

表1.2　2020年全国装配式建筑发展目标

指　标		单位	2020年规划目标
装配式建筑示范城市		个	≥50
装配式建筑产业基地		个	≥200
装配式建筑示范工程		个	≥500
装配式建筑科技创新基地		个	≥30
装配式建筑占新建建筑的比例		%	≥15%
其　中	重点推进地区	%	≥20%
	积极推进地区	%	≥15%
	鼓励推进地区	%	≥10%

1.5.2　各省（自治区、直辖市）装配式建筑政策

《“十三五”装配式建筑行动方案》鼓励各地制定更高的发展目标，按照顶层设计的要求，全国划分为“重点推进、积极推进、鼓励推进”三类地区，有重点地“自上而下”逐步推进：

（1）重点推进地区包括京津冀、长三角、珠三角三大城市群。

（2）积极推进地区包括常住人口超过300万的其他城市。

（3）鼓励推进地区包括其余城市。

三类地区在经济发展程度和房屋价格上呈降次分布，新增房地产需求较多的地区往往推进力度更大。

根据前瞻产业研究院发布的《2018—2023年中国装配式建筑行业市场前瞻与投资规划深度分析报告》汇总，截至2018年1月，我国已经有30多个省（自治区、直辖市）就装配式建筑的发展给出了相关的指导意见以及配套的措施，其中22个省份均已制定装配式建筑规模阶段性目标，并陆续出台具体细化的地方性装配式建筑政策扶持行业发展。截至2018年各地关于装配式建筑的规划目标如表1.3所示。

表1.3 截至2018年各地关于装配式建筑的规划目标

地区	目 标
北京	到2018年实现装配式建筑占新建建筑面积的比例达到20%以上；到2020年，实现装配式建筑占比达到30%以上
河北	到2020年，全省装配式建筑占新建建筑面积的比例达到20%以上，其中钢结构建筑占新建建筑面积的比例不低于10%；到2025年装配式建筑面积占比达到30%以上
山西	到2020年底，全省11个设区城市装配式建筑占新建建筑面积的比例达到15%以上，其中太原市、大同市力争达到25%以上
辽宁	到2020年，全省装配式建筑占新建建筑面积的比例力争达到20%以上，其中沈阳市力争达到35%以上，大连市力争达到25%以上，其他城市力争达到10%以上；到2025年全省装配式建筑占新建建筑面积比例力争达到35%以上，其中沈阳市力争达到50%以上，大连市力争达到40%以上，其他城市力争达到30%以上
吉林	到2020年，全省装配式建筑面积不少于500万m^2，长春、吉林两市装配式建筑占新建建筑面积比例达到20%以上，其他设区城市达到10%以上；到2025年全省装配式建筑占新建建筑面积的比例达到30%以上
上海	2016年外环线内新建民用建筑全部采用装配式建筑，外环线以外超过50%；2017年起外环线外在50%基础上逐年增加
江苏	到2020年，全省装配式建筑占新建建筑比例将达到30%以上
浙江	到2020年，浙江省装配式建筑占新建建筑的比重达到30%
安徽	到2020年，装配式建筑占新建建筑面积的比例达到15%；到2025年力争达到30%
福建	到2020年，全省实现装配式建筑占新建建筑的建筑面积比例达到20%以上，其中，福州、厦门25%以上，泉州、漳州、三明20%以上，其他地区15%以上；到2025年，装配式建筑占比达到35%以上
江西	2018年，全省采用装配式施工的建筑占新建建筑的比例达到10%，其中，政府投资项目达到30%；2020年达到30%，其中政府投资项目达到50%；到2025年力争达到50%，符合条件的政府投资项目全部采用装配式施工
山东	到2020年，济南、青岛市装配式建筑占新建建筑比例达到30%以上，其他设区城市和县（市）分别达到25%、15%以上；到2025年，全省装配式建筑占新建建筑比例达到40%以上
湖北	到2020年，全省开工建设装配式建筑不少于1000万m^2。武汉市装配式建筑面积占新建建筑面积比例达35%以上，襄阳市、宜昌市和荆门市达20%以上，其他设区城市、恩施州、直管市和神农架林区达到15%以上

续表

地区	目标
湖南	到2020年，全省市州中心城市装配式建筑占新建建筑比例达到30%以上，其中：长沙市、株洲市、湘潭市三市中心城区达到50%以上
广东	珠三角城市群：2020年装配式建筑占新建建筑面积比例达到15%以上，其中政府投资工程装配式建筑面积占比达到50%以上；到2025年比例达到35%以上，其中政府投资工程装配式建筑面积占比达到70%以上。常住人口超过300万的粤东西北地区地级市中心城区：2020年比例15%以上，其中政府投资工程装配式建筑面积占比达到30%以上；2025年比例30%以上，其中政府投资工程装配式建筑面积占比达到50%以上。其他地区：2020年比例10%以上，其中政府投资工程装配式建筑面积占比达到30%以上；2025年比例20%以上，其中政府投资工程装配式建筑面积占比达到50%以上
广西	2020年，综合试点城市装配式建筑占新建建筑的比例达到20%以上，新建全装修成品房面积比率达20%以上；到2025年全区装配式建筑占新建建筑的比例力争达到30%
四川	到2020年全省装配式建筑占新建建筑的30%
云南	2020年，昆明市、曲靖市、红河州装配式建筑占新建建筑比例达到20%，其他每个州市至少有3个以上示范项目；到2025年，力争全省装配式建筑占新建建筑面积比例达到30%，其中昆明市、曲靖市、红河州达到40%
陕西	到2020年重点区域装配式建筑占新建建筑的比例将达到20%以上
甘肃	到2020年，全省累计完成100万m^2以上装配式建筑试点项目建设；到2025年，力争装配式建筑占新建建筑面积的比例达到30%以上
青海	到2020年，全省装配式建筑占同期新建建筑的比例达到10%以上，西宁市、海东市15%以上，其他地区5%以上
宁夏	到2020年，全区装配式建筑占同期新建建筑的比例达到10%；到2025年达到25%

课外资源

资源1.1：装配式建筑概述

资源1.2：什么是装配式建筑

课后练习题

（1）什么是装配式建筑？

（2）装配式建筑可分为哪几类？

（3）装配式建筑有哪些优点及缺点？

（4）你认为目前制约我国装配式建筑发展的原因主要有哪些？

（5）学完本章内容，你对装配式建筑有哪些认识？

第2章　装配式木结构建筑

学习目标

(1) 掌握装配式木结构建筑的概念及特点。

(2) 掌握装配式木结构建筑的主要材料以及建筑类型。

(3) 了解工程生产预制木结构组件的基本方式及生产流程。

(4) 掌握装配式木结构组件制作、验收、运输、储存要点。

(5) 掌握装配式木结构建筑安装与验收要点。

(6) 了解国内外装配式木结构建筑发展现状。

2.1　装配式木结构建筑的概念及特点

2.1.1　装配式木结构建筑的概念

通常说的木结构建筑，实际上也都是以经过处理的原木、锯木或各种木质人造板材为建筑的结构材料（如柱、梁、檩子等），以木质或其他建材为填充材，在现场利用木构件或钢构件为连接材料建造的建筑物。从装配式建筑的定义来看，或者从结构系统装配的角度来讲，木结构建筑实际上都属于装配式建筑，故可称为装配式木结构建筑。

本章所述装配式木结构建筑是指结构系统由预制木构件组成，外围护系统、设备管线系统和内装系统的主要部分也采用预制部品部件集成的建筑，该类型建筑是绿色建筑中最具代表性的建筑形式之一。

2.1.2　装配式木结构建筑的特点

1. 节能环保

装配式木结构建筑以木材或木质产品为主要建材。木材与钢材、混凝土材料相比，所需消耗的能源最少，同时释放的CO_2也最少。杨子江曾经做过比较，建造一栋面积136m^2的住宅，如果用钢筋混凝土材料造成的CO_2排放量为78.5t，用钢骨构造为53t，如用木材仅为18.5t；另一方面，如果用钢筋混凝土材料或钢材可以贮藏的CO_2为4.9t，如用木材则可以贮藏$CO_2$24.5t。此外，由于材料内部特殊构造，木材内部可以容留空气，这使得木材的保温隔热性能远远好于钢材、混凝土等材料。同样，在杨子江的文中提到，据测试，要达到相同的保温效果，木材需要的厚度仅为混凝土的1/15，更仅为钢材的1/400；采用同样保温材料的木结构比钢结构的保温性能高15%～70%。木材的这一特性使得木结构对电、煤气等能源的消耗量远远低于其他常规建筑结构。

建筑物都有其自身的使用寿命，并最终都将面临被拆除的结果，而拆除后产生的建筑垃圾同样是目前比较难以解决的问题。以木材为主的建筑材料，同钢材、混凝土等建筑材料相比，不仅CO_2等温室气体排放量比较低，而且空气污染指数、固体废弃物、水污染指数也都较低。并且装配式木结构住宅预制性强、工厂化高，现场作业通常采取的是干作业方式，湿作业量很少，所以装配式木结构住宅不仅产生建筑垃圾量最少，而且是施工时对周围环境破坏最小的建筑类型，属于环境友好型住宅。

所以，根据《绿色建筑评价标准》（GB/T 50378—2019）来进行评价，装配式木结构建筑是最符合绿色建筑要求的住宅形式。

2. 抗震性能好

装配式木结构具有很好的抗震性能。由于木结构房屋自身重量较轻，地震时吸收的地震力也相对较少，且木材本身有很强的弹性恢复力，对于瞬间冲击载荷和周期性疲劳破坏有很强的抵抗能力，结构在基础发生位移时可由自身的弹性复位而不至于发生坍塌。此外，古代木结构房屋通常采用柱底直接搁置于石质基础上，或直接嵌入基础的凹槽，梁柱采用榫卯连接（图2.1），这实际上是一种半刚性半铰接节点，当地震来临时，柱底转动滑移减震，梁柱榫卯连接处摩擦滑移耗能。现代装配式木结构的连接节点通常采用金属连接件（图2.2），在建造过程中使用大量的钉连接，这样当地震等突发载荷发生时，一旦一个载荷通路失效，邻近的部件和连接能够补充其中。以上便是装配式木结构有着其他建筑无可比拟的抗震性能的原因。

图2.1 木结构榫卯连接

图2.2 木结构金属连接件连接

图2.3所示为2013年四川雅安芦山7.0级地震后雅安某农村木结构民房。当地农村民房以砖混结构和木结构为主，震后砖混结构民房倒塌严重，而木结构民房倒塌的寥寥无几。图中的木结构民房已产生肉眼可见变形但仍未倒塌，这足以证明木结构优良的抗震性能。

图2.3 2013年四川雅安地震后某木结构民房

3. 施工安全、周期短、可修复性强

装配式木结构由于自身重量轻，且建筑高度一般较低，故施工较为安全。此外，产业化高是装配式木结构建筑相比其他结构建筑所特有的一个重要属性。装配式木结构建筑在设计上正朝着高产业化强化的方向发展，且构件也要求具有规范性、兼容性、易安装性。得益于它的高产业化，装配式木结构（图2.4）的施工周期一般比其他结构短，只需几个星期即可完工。随着经济的快速发展，劳动力成本的不断提高，现代生活节奏的加快，与其他类型住宅相比，具有高产业化的装配式木结构住宅必将日益显示出其优势地位。

图2.4 装配式木结构建筑建造

由于装配式木结构住宅的产业化程度高，所以当住宅的某一部分因为种种原因需要修复或更换的时候就变得十分便捷。一栋产业化程度很高的房子就像一辆汽车，由各个零部件构成，拆卸方便，修复起来十分便捷，就算更换也非常灵活。装配式木结构建筑一般在建造过程中会预留检修口，当需要维修或更换构件时，只需打开检修口即可，而不需要像砖墙那样挖开墙面，破坏装修。

4. 使用寿命长

装配式木结构在欧美一些国家及日本已有多年研究，体系较为健全，若使用得当，木结构住宅是一种非常稳定、寿命长、耐久性强的天然绿色环保建筑。木结构建筑只需一般的普通保养，使用寿命最少在70年以上。在加拿大等欧美国家，90%以上的居民终年寓居的都是木结构房屋，最持久的木结构建筑甚至可以追溯到18世纪。图2.5为北京的故宫皇家木结构建筑，历经了上百年风风雨雨，现只需隔几年在外立面刷漆来防止木材表面受外界条件侵蚀，就可以继续保持较长的寿命。

图2.5 北京故宫皇家木结构建筑

5. 建造及使用成本低

装配式木结构建筑可以采取工厂预制，然后运输到工地现场，在施工现场进行安装。建造过程只需几名工人花费几周的时间就可建成房屋，施工安装速度大大超过钢混结构和砖混结构，节省人工成本，减小了施工难度，提高了施工质量。并且在今后的使用过程中，依靠木结构自身的节能保温性能，可节省家庭开支。同时，木结构得房率（即使用面积）要高于砖混结构房屋（砖混结构房屋只有65%～70%），而轻型木结构建筑通常能够达到90%。

6. 隔音、防火、防虫性能好

装配式木结构建筑没有混凝土建筑常有的撞击性噪声传递问题，因为木结构墙体采用一定的构造措施，墙体空气隔声评价量大于 45dB。在墙体和天花板上的石膏板以及楼盖和墙体构件内放置玻璃纤维或岩棉保温材料能高效降低声音的传递。

装配式木结构构件采用自防火体系：轻型墙体、楼屋盖外覆耐火石膏板，与木龙骨共同形成防火系统，胶合木构件按照规范采取碳化层的设计方法，提高建筑的防火性能。

木材在原木烘干加工时就把含水率控制在 19%以内，让木质层中的生命体不能存活。木材还需要真空压注方式把防腐剂注入木质层中，进行深层次的灭菌和后期的防虫处理。此外，木结构木屋墙体内部还有一道防虫屏障——防虫网，这也能阻隔昆虫入住墙体。

7. 设计、装饰灵活

装配式木结构住宅因其材料和结构的特点，使得平面布置更加灵活，能够充分根据住宅使用功能的基本要求在不用考虑受到结构梁柱的限制的情况下，进行随意的平面布置和空间划分。在室内设计和装饰上，室内隔板可采用推拉式、开放式、传统样式，门窗可以选择并安装在自己喜欢或任何实用位置，各种隔热、保温、防水、隔音等材料固定在龙骨表面，或填充在缝隙间，各种管线在墙体间穿过，既节约了室内的空间又保持了良好的外观及物体特性，如图 2.6 所示。

图 2.6 装配式木结构室内灵活布置

从上述表述可见装配式木结构建筑可提高建造效率、减少资源浪费、降低施工现场噪声和空气污染、提升建筑品质，是促进传统建筑产业升级换代的必由之路，是“创新、协调、绿色”发展理念的具体落实。从生产工艺看，装配式木结构建筑“创新”“协调”；从环境保护看，装配式木结构建筑"绿色""节约"。装配式木结构建筑在建筑工程建造、使用和拆除的全过程，即全寿命周期中遵循了可持续发展、资源节约、环境友好的要求，符合装配式建筑的设计标准化、生产工厂化、施工机械化、组织管理科学化的建造方式。

当然不可否认的是，装配式木结构建筑目前还存在一些缺点制约着它的发展，比如：成本方面尤其是木材本身的价格没有足够的优势；防火设防要求高；适用范围窄，高度受限，主要限于低层建筑中；木结构部件和部品制作工厂较缺乏；受到运输条件的限制；等等。

2.2　装配式木结构材料及建筑类型

2.2.1　装配式木结构材料

本小节介绍装配式木结构建筑主要材料：木材、钢材、金属连接件及结构用胶。其他建筑通用材料如保温材料、防火材料、隔声材料、防水密封材料及装饰装修材料这里不一一赘述。

1. 木材

装配式木结构建筑的结构木材按加工方式一般分为三大类：原木、锯材、胶合材。除以上三种结构用材外，还有一些木材制作而成的工程木制品，如"工"字形木搁栅、轻型木桁架等。

图 2.7　原木

(1) 原木。原木是指树干经去枝、去树皮的圆木段（图 2.7），通常需要满足直径变化小、外观好、缺陷少、整根木材长度大等要求才可用作构件，由于不能充分使用原材料，会造成材料浪费，因此造成建筑物造价较高。

(2) 锯材。锯材是指经过去皮处理后，按照要求割削成一定截面尺寸要求的材料。根据截面尺寸不同，可分为板材、方木、规格材。其中板材的截面宽度为厚度的 3 倍以上（图 2.8）；方木的截面宽度不足厚度的 3 倍（图 2.9）；规格材是指宽度和厚度按规定尺寸加工的规格化木材，常用的标准尺寸如表 2.1 所示。

原木和锯材应从规范所列树种中选用。主要承重构件应采用针叶材；重要的木制连接构件应采用细密、直纹、无痂节及无其他缺陷的耐腐的硬质阔叶材。原木锯木结构构件设计时，应根据构件的主要用途选用相应的材质等级。使用进口木材时，应选择天然缺陷和干燥缺陷少、耐腐性较好的树种。首次使用的树种，应严格遵守先试验后使用的原则。

(3) 胶合材。胶合材是由木段旋切成单板或由木方刨切成薄木，再用黏合剂胶压而成的板材或矩形材。主要分为以下几种：

图 2.8 板材

图 2.9 方木

表 2.1 **规格材常见的标准尺寸**

序号	实际（净）尺寸/（mm×mm）	序号	实际（净）尺寸/（mm×mm）
1	38×38	5	38×184
2	38×64	6	38×235
3	38×89	7	38×286
4	38×140		

1）旋切板胶合木（LVL）（图 2.10）。LVL 以原木为原料旋切或者刨切制成单板，经干燥、涂胶后，按顺纹或大部分顺纹组坯，再经热压胶合而成的板材，它具有实木锯材没有的结构特点：强度高、韧性大、稳定性好、规格精确，比实木锯材在强度、韧性方面提高了 3 倍左右。

2）正交胶合木（CLT）（图 2.11）。CLT 是一种新型木结构建筑材料，它采用横纹和竖纹交错排布的规格材胶合在一起成实木板材，面积和厚度可以定制。大块的 CLT 可以直接切口后作为建筑的外墙和楼板等，能够极大地提高工程的施工效率。规格材正交叠放布置能够减小木材横纹抗拉强度低对结构构件受力性能带来的影响。

图 2.10 旋切板胶合木

图 2.11 正交胶合木

3）平行木片胶合木（PSL）（图 2.12）。PSL 是一种结构板材，由复合材产品制成。在生产过程中，单板被按照平行的纹路叠压在一起，最终制造出这种大块、高强度的主梁、立柱和过梁。生产 PSL 的原料是长 610～2440mm 的花旗松、黄杨和南方松单板条。

这些单板条首先被烘干，经黏合剂黏合，再经过微波工艺压制处理，被牢固地胶合在一起，最终得到最大长度可达20m的长方形板材。

4）层叠木片胶合木（LSL）（图2.13）。LSL使用专门的生产工艺将原木切割成长木条，再将它们烘干，然后施以优质树脂，将木条按平行的纹理叠放在一起，使用蒸汽喷压工艺，在黏合剂和高压的作用下，最终制成规格板材。LSL结构产品，无论作为预制的墙骨，还是用作更长的、满足特殊要求的框架结构材，都为建筑提供了一种稳固、均衡、性能可靠的建筑材料。LSL主要用作过梁、封头格栅和框架墙。

图2.12 平行木片胶合木

图2.13 层叠木片胶合木

5）定向刨花板（OSB）（图2.14）。OSB是一种结构板材，采用特殊设计的刀具把原木刨切成特定尺寸的木片，以充分利用木材固有的强度。在电脑控制下，木片被施上定量的蜡和热固性树脂，在加热和加压条件下，把木片黏合在一起，按工程设计被铺成板坯。板坯的结构保证了成板具有最高的强度、刚性和稳定性，最后再把这些板坯经过高温（超过180℃）压制，形成均匀的内部结构，使板材具备防潮性能。轻型木结构的墙面和地板常采用这种工程木制品。

6）胶合木（Glulam）（图2.15）。Glulam是一种将单独的规格材在一定条件下胶结在一起制作而成的结构用材，它的特点使其常用于满足美观建筑造型和结构需要。胶合木生产过程中，木片的端部互相咬合并水平排布成层。采用层压的方法可以有效利用高强度但小尺寸的木材制作各种形状和尺寸的大型结构件，并消除木材天然缺陷对结构构件质量的影响。胶合木可用作柱或梁，也可用作承受压弯荷载的弧形构件。

图2.14 定向刨花板

图2.15 胶合木

(4)"工"字形木搁栅。"工"字形木搁栅(图 2.16)是特别设计来支撑楼板的结构材。"工"字形木搁栅是把已经做好定向槽的 LVL 顶翼和底翼安装在胶合板或定向刨花板腹板的下边,LVL 梁翼和中心腹板是用优质黏合剂在连续、高速操作程序中安装在一起的,所以能够使结构高效、尺寸稳定。"工"字形木搁栅结构结实、质均而且重量轻,能够在很大的跨度上支撑大的荷载而不弯曲下沉。"工"字形木搁栅能够减少由于收缩、起翘、弯曲、扭曲和开裂引起的问题,避免由此而导致的地板不平。

图 2.16　"工"字形木搁栅

(5)轻型木桁架。轻型木桁架(图 2.17)是由齿状的连接板压入提前切割并且装配好的组装件预制而成,常用的做法是将优质木材与齿状连接板连接起来,根据房屋坡度可制造出不同形状,例如:三角形、梯形、矩形等。该工程木制品可广泛应用于单户、多户住宅、农业和商业等建筑。在美国,目前大约有 75%的住宅采用轻型木桁架作为屋盖系统。木桁架充分依靠呈三角状的梁腹和桁架节点来承重。由于这种结构是利用了断面较小的规格材来制作的,既提高了原材料的使用率,也提高了强度重量比率,使跨度的要求能够长于常规的框架。木桁架制作比较简单,造价较低,并能加快施工速度。轻型木桁架有如下优点:

图 2.17　轻型木桁架

1)因为强度较高,可以应用于混合建筑,也可以在工业建筑中用来制作脚手架使用。

2)为在屋顶等闲置空间建造或铺设管道、电力、卫生、机械等设备的安装提供了便利性。

3)木桁架用途广泛,能够与其他结构产品结合使用,能够与其他桁架相连接或与平行木片胶合木和旋切板胶合木、胶合木等木构件连接。

2. 钢材与金属连接件

(1)钢材。装配式木结构建筑承重构件、组件和部品连接使用的钢材宜采用 Q235 钢、Q345 钢和 Q390 钢,并应分别符合现行国家标准《碳素结构钢》(GB/T 700—2006)和《低合金高强度结构钢》(GB/T 1591—2018)的有关规定,当采用其他牌号的钢材时,应符合国家现行有关标准的规定。

(2)螺栓。装配式木结构建筑承重构件、组件和部品连接使用的螺栓:

普通螺栓应符合现行国家标准《六角头螺栓——C 级》(GB/T 5780—2000)和《六角头螺栓》(GB/T 5782—2000)的规定。

高强度螺栓应符合现行国家标准《钢结构用高强度大六角头螺栓》(GB/T 1228—

2006)、《钢结构用高强度大六角螺母》(GB/T 1229—2006)、《钢结构用高强度垫圈》(GB/T 1230—2006)、《钢结构用高强度大六角头螺栓、大六角螺母、垫圈技术条件》(GB/T 1231—2006)或《钢结构用扭剪型高强度螺栓连接副技术条件》(GB/T 3632—2008)的有关规定。

锚栓可采用现行国家标准《碳素结构钢》(GB/T 700—2006)中规定的Q235钢或《低合金高强度结构钢》(GB/T 1591—2018)中规定的Q345钢制成。

(3) 螺钉。螺钉的材料性能应符合现行国家标准《紧固件机械性能 螺栓、螺钉和螺柱》(GB/T 3098.1—2010)及其他相关现行国家标准的规定和要求。

关于防腐及防火的要求:金属连接件及螺钉等应进行防腐蚀处理或采用不锈钢产品。与防腐木材直接接触的金属连接件及螺钉等应避免防腐剂引起的腐蚀。对于外露的金属连接件可采取涂刷防火涂料等防火措施,防火涂料的涂刷工艺应满足设计要求或相关规范。

3. 结构用胶

承重结构用胶必须满足结合部位的强度和耐久性要求,应保证其胶合强度不低于木材顺纹抗剪和横纹抗拉的强度。胶连接的耐水性和耐久性,应与结构的用途和使用年限相适应,并应符合环境保护的要求。

承重结构可采用酚类胶和氨基塑料缩聚黏合剂或单组分聚氨酯黏合剂,并应符合现行国家标准《胶合木结构技术规范》(GB/T 50708—2012)的规定。

2.2.2 装配式木结构建筑类型

装配式木结构建筑按结构材料分类有以下4种类型。

1. 轻型木结构

轻型木结构系指主要采用规格材及木基结构板材制作的木框架墙、木楼盖和木屋盖系统构成的单层或多层建筑。轻型木结构通常由规格材按不大于600mm的中心间距密置而成(图2.18)。所用基本材料包括规格材、木基结构板材、"工"字形搁栅、结构复合材和金属连接件。轻型木结构的承载力、刚度和整体性是通过主要结构构件(骨架构件)和次要结构构件(墙面板、楼面板和屋面板)共同作用获得的。

图2.18 轻型木结构建筑

轻型木结构亦被称作"平台式骨架结构",因为该结构形式在施工时以每层楼面为平台组装上层结构构件。轻型木结构建筑可根据施工现场的运输条件,将建筑的墙体、楼面和屋面承重体系(如楼面梁、屋面桁架)等构件在工厂制作成基本单元,然后运到现场进行装配。轻型木结构具有施工简便、材料成本低、抗震性能好的优点。

2. 胶合木结构

胶合木结构是指主要采用胶合材中的 LVL、CLT、PSL、LSL 等材料制作成承重构件的单层或多层建筑。胶合木结构主要包括梁柱式、空间桁架式、拱式、门架式和空间网格式等结构形式，分别如图 2.19（a）～（e）所示，其他还有直线梁、变截面梁和曲线梁等构件类型。

（a）梁柱式

（b）空间桁架式

（c）拱式

（d）门架式

（e）空间网格式

图 2.19　胶合木结构

胶合木结构的构件之间主要通过螺栓、销钉、钉、钢板以及各种金属连接件连接，需进行节点计算。胶合木结构是目前应用较广的木结构形式，具有以下优点：

(1) 具有天然木材的外观魅力。

(2) 不受天然木材尺寸限制，能够制作成满足建筑和结构要求的各种形状和尺寸的构件，造型随意。

(3) 避免和减少天然木材无法控制的缺陷影响，提高了强度，并能合理级配、量材使用。

(4) 具有较高的强重比（强度/重量），能以较小截面满足强度要求，可大幅度减小结构体自重，提高抗震性能，有较高的韧性和弹性，在短期荷载作用下能够迅速恢复原状。

(5) 具有良好的保温性，热导率低，热胀冷缩变形小。

(6) 构件尺寸和形状稳定，无干裂、扭曲之虞，能减少裂缝和变形对使用功能的影响。

(7) 具有良好的调温、调湿性，在相对稳定的环境中，耐腐性能高。

(8) 经防火设计和防火处理的胶合木构件具有可靠的耐火性能。

(9) 可以采用工业化生产方式，提高生产效率、加工精度和产品质量。

(10) 构件自重轻，有利于运输、装卸和安装。

(11) 制作加工容易、耗能低，节约能源，能以小材制作出大构件，充分利用木材资源，并可循环利用，是绿色环保材料。

胶合木在欧洲、北美地区已有很长的发展历史。我国古代木结构建筑历史悠久，而现代胶合木结构的发展才刚刚起步。随着环保节能观念的深入人心，胶合木结构建筑越来越受人们的关注。

3. 方木原木结构

方木原木结构是指承重构件主要采用方木或原木制作的单层或多层建筑结构。方木原木结构的结构形式主要包括梁柱式结构、穿斗式结构、抬梁式结构、井干式结构，分别如图 2.20 (a) ～ (d) 所示，以及作为楼盖或屋盖在其他材料结构中（混凝土结构、砌体结构、钢结构）组合使用的混合结构。这些结构都是在承重构件连接节点处采用钢板、螺栓或销钉，以及专用连接件等钢连接件进行连接。方木原木结构的构件及其钻孔等构造通常在工厂加工制作。

4. 木结构组合结构

木结构组合结构是指木结构与其他材料（钢材除外，若木结构与钢结构组合称之为装配式钢-木组合结构，详见 5.2 小节）结构组成共同受力的结构体系，主要是与现浇钢筋混凝土结构或砌体结构进行组合。组合方式有上下组合与水平组合，也包括现有建筑平改坡的屋面系统。典型的上下组合通常是下部为钢筋混凝土结构等，上部为木结构，两者通过预埋在钢筋混凝土中的螺栓和抗拔连接件连接，实现木结构中的水平剪力和木结构剪力墙边界构件中拔力的传递。

图 2.21、图 2.22 分别为加拿大木业协会在汶川地震后援建的成都青白江华严小学及其建造过程，这是一个典型的木结构组合结构案例。该学校采用“1+2”组合结构，底部一层为钢筋混凝土结构，用作商业用途，上部二、三层为小学所在地，为木结构。混凝土结构在强度、门窗敞开度以及防火性能方面比较突出，木结构则在抗震、保温、施工速度

（a）梁柱式结构

（b）穿斗式结构

（c）抬梁式结构

（d）井干式结构

图 2.20　方木原木结构

和隔音方面效果最好，把木结构和混凝土结构结合在组合建筑当中，可以最大限度地发挥两种结构各自的优势，既可满足强度、防火、抗震、保温、隔音性能的要求，又因为木结构对地基的负荷大大减低，可以降低基础的成本。

图 2.21　成都青白江华严小学

尽管木结构建筑的允许层数最高为 3 层，但作为木结构组合结构的建筑可建到 7 层，即上部木结构建筑仍为 3 层，下部钢筋混凝土或砌体等不燃结构 4 层。这增加了木结构的应用范围，是一种可行的组合结构形式。

木结构建筑、木结构组合结构建筑的允许层数和建筑高度见表 2.2。

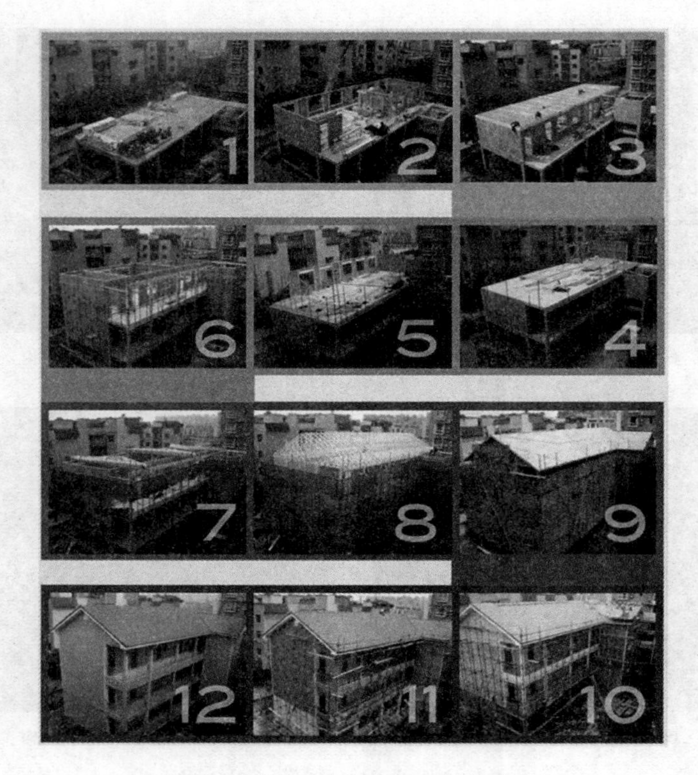

图 2.22 成都青白江华严小学建造过程

表 2.2 木结构允许层数和建筑高度

木结构建筑形式	轻型木结构	胶合木结构		原木结构	木组合结构
允许层数/层	3	1	3	2	7
允许建筑高度/m	10	不限	15	10	24

2.3 预制木结构组件制作

2.3.1 概述

预制木结构组件是指由工厂制作、现场安装，并具有单一或复合功能的，用于组合成装配式木结构的基本单元，简称木组件。木组件包括柱、梁、预制墙体、预制楼盖、预制屋盖、木桁架、空间组件等。

装配式木结构建筑的木组件应按设计文件在工厂通过生产线制作，这样有利于产品质量的统一管理，确保构件精度、质量及稳定性，还能统筹计划下料来提高材料的利用率，而且还能大大缩短工期，减小气候条件对现场施工的影响。工厂预制木结构组件主要包括构件预制、板块式预制、单元模块预制和移动木结构 4 种基本方式，下面分别介绍。

1. 构件预制

构件预制是指单个木结构构件工厂化制作，如梁（图 2.23）、柱等构件和组成组件的基本单元构件，主要适用于普通木结构和胶合木结构。构件预制属于装配式木结构建筑的最基本方式，构件运输方便，并可根据客户具体要求实现个性化生产，但现场施工组装工作量大。

构件预制的加工设备大都采用先进的数控机床（CNC）。目前，国内大部分木结构企业都引进了国外先进木结构加工设备和成熟技术，具备一定的构件预制能力。

2. 板块式预制

板块式预制是将整栋建筑分解成墙体（图 2.24）、楼盖、屋盖等若干板块，在工厂预制完成后运输到现场吊装组合而成。预制板块的大小根据建筑物体量、跨度、进深、结构形式和运输条件确定。

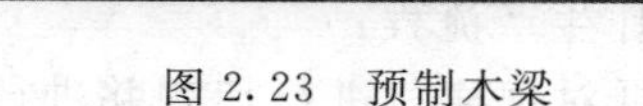

图 2.23 预制木梁

图 2.24 预制木墙体

预制板块根据开口情况分为开放式和封闭式两种。

(1) 开放式板块。开放式板块是指墙面没有封闭的板块，保持一面或双面外露，便于后续各板块之间的现场组装、安装设备与管线系统及现场质量检查。开放式板块集成了结构层、保温层、防潮层、防水层、外围护墙板和内墙板。一面外露的板块一般为外侧是完工表面，内侧墙板未安装。

(2) 封闭式板块。封闭式板块内外侧均为完工表面，且完成了设施布线和安装，仅各板块连接部分保持开放。这种建造技术主要适用于轻型木结构建筑，可以大大缩短施工工期。

板块式木结构技术既充分利用了工厂预制的优点，又便于运输。在北美，具有板式组件生产水平的预制工厂数量最多。

3. 单元模块预制

单元模块预制是指由楼盖、墙体围合而成，具有某一功能或功能组合的单元模块，可以把一个或多个房间、集成式厨房或卫生间作为一个单元模块，多个单元模块组合安装成一栋建筑物（图 2.25）。单元模块组件的预制程度较高，但对运输条件和施工机具的要求也相对较高。

单元模块预制木结构会设置临时钢结构支承体系以满足运输、吊装的强度与刚度要求，吊装完成后撤除。该预制方式最大化地实现了工厂预制，又可实现自由组合，在欧美发达国家得到了广泛应用。在国内还处于探索阶段，是装配式木结构建筑发展的重要方向。

4. 移动木结构

移动木结构是整座房子完全在工厂预制装配而成（图 2.25），不仅完成了所有结构工程，所有内外装修，管道、电气、机械系统和厨卫家具也都安装到位。房屋运输到建筑现场吊装安放在预先建造好的基础上，接驳上水、电和煤气后，马上可以入住。由于道路运输问题，目前移动木结构还仅局限于单层小户型住宅和旅游景区小体量景观房屋。

图 2.25　单元模块预制房屋安装

图 2.26　移动木结构

2.3.2　制作生产流程

图 2.27 为某装配式木结构构件制作车间。下面以轻型木结构墙体预制为例，介绍一下预制木结构组件制作生产流程：

图 2.27　装配式木结构构件制作车间

首先根据设计图纸对规格材进行切割并进行小型框架构件组合；接着进行墙体整体框架组合，安装覆面板；然后在多功能桥工作台上进行上钉、切割、门窗位置开孔、打磨，翻转墙体敷设保温材料、蒸汽阻隔材料、石膏板等；最后进行门窗的安装及外墙饰面安装。

生产线流向为：锯木台→小型框架构件工作台→框架工作台→覆面板安装台→多功能桥（上钉、切割、开孔、打磨）→翻转墙体台→直立存放。

2.3.3　制作要点

（1）预制木结构组件应按设计文件生产制作，工厂除了具备相应的生产场地和生产工艺设备外，还应具备完善的质量管理体系和试验检测手段设备，且应建立组件制作档案。

（2）制作前应对其技术要求和质量标准进行技术交底与专项培训，并应制定制作方案，包括制作工艺、制作计划、技术质量控制措施、成品保护、堆放及运输方案等。

（3）制作过程中宜采取控制制作及储存环境的温度、湿度的技术措施。木材含水率应符合设计文件的规定。

（4）预制木结构组件和部品在制作、运输和储存过程中，应采取防水、防潮、防火、防虫和防止损坏的保护措施。

（5）每类组件的首件须进行全面检查，符合设计与规范要求后再进行批量生产。

（6）制作过程中宜采用BIM信息化模型校正，制作完成后宜采用BIM信息化模型进行组件预拼装。

（7）对有饰面材料的组件，制作前应绘制排版图，制作完成后应在工厂进行预拼装。

2.3.4 构件验收

预制木结构组件制作完成后，应按现行国家标准《木结构工程施工质量验收规范》（GB 50206—2012）进行原材料验收、配件验收和构件出厂验收，并做好验收记录。此外，还应满足以下要求并提供下列文件和记录：

（1）工程设计文件（包括深化设计文件）、预制组件制作和安装的技术文件。

（2）预制组件使用的主要材料、配件及其他相关材料的质量证明文件、进场验收记录、抽样复验报告。

（3）预制组件的预拼装记录，预制木结构组件制作误差应符合现行国家标准《木结构工程施工质量验收规范》（GB 50206—2012）的规定。

（4）预制正交胶合木构件的厚度宜小于500mm，且制作误差应符合表2.3的规定。

（5）预制木结构组件检验合格后应设置标识，标识内容宜包括产品代码或编号、制作日期、合格状态、生产单位等信息。

2.3.5 运输与储存

预制木结构组件和部品在运输和储存时须符合以下要求：

（1）应制定运输和储存实施方案，包括运输时间、次序、堆放场地、运输路线、固定要求、堆放支垫及成品保护措施等项目。

表2.3 正交胶合木构件尺寸偏差

类别	允许偏差
厚度 h	≤（1.6mm与 $0.02h$ 中的较大值）
宽度 b	≤3.2mm
长度 L	≤6.4mm

（2）对大型木结构组件和部品应采取专项质量安全保证措施，支承位置应通过计算确定。

（3）装卸时应采取保证车体平衡的措施，运输时应采取防止组件移动、倾倒、变形等的固定措施。

（4）存储设施和包装运输应采取使其达到要求含水率的措施，并应有保护层包装，对边角部宜设置保护衬垫。

（5）预制木结构组件水平运输时，应将组件整齐地堆放在车厢内，梁、柱等预制木组件可分层隔开堆放，上、下分隔层垫块应竖向对齐，悬臂长度不宜大于组件长度的1/4，板材和规格材应纵向平行堆垛、顶部压重存放。

（6）预制木桁架整体水平运输时，宜竖向放置，支撑点应设在桁架两端节点支座处，下弦杆的其他位置不得有支撑物；在上弦中央节点处的两侧应设置斜撑，应与车厢牢固连接。应按桁架的跨度大小设置若干对斜撑，数榀衔架并排竖向放置运输时，应在上弦节点处用绳索将各桁架彼此系牢。

（7）预制木结构墙体宜采用直立插放架运输和储存，插放架应有足够的承载力和刚度，并应支垫稳固。

（8）预制木结构组件在储存时应符合下列要求：

1）组件应存放在通风良好的仓库或防雨、通风良好的有顶场所内，堆放场地应平整坚实，并应具备良好的排水设施。

2）施工现场堆放的组件，宜按安装顺序分类堆放，堆垛宜布置在起重机工作范围内，且不受其他工序施工作业影响的区域。

3）采用叠层平放的方式堆放时，应采取防止组件变形的措施。

4）吊件应朝上，标志宜朝向堆垛间的通道。

5）支垫应坚实，垫块在组件下的位置宜与起吊位置一致。

6）重叠堆放组件时，每层组件间的垫块应上下对齐，堆垛层数应按组件、垫块的承载力确定，并应采取防止堆垛倾覆的措施，如图 2.28。

7）采用靠架堆放时，靠架应具有足够的承载力和刚度，与地面倾斜角度宜大于 80°，如图 2.29。

8）堆放曲线形组件时，应按组件形状采取相应的保护措施。

（9）对在现场不能及时进行安装的建筑模块，应采取保护措施。

图 2.28　现场木结构组件重叠堆放

图 2.29　木结构组件采用靠架堆放

2.4　装配式木结构安装与验收

2.4.1　安装准备

装配式木结构安装前应做好以下准备工作：

（1）安装施工前应编制施工组织设计，制定专项施工方案，专项施工方案的内容应包括安装及连接方案、安装的质量管理及安全措施等项目。

（2）施工前应按设计要求和施工方案进行施工验算，包括起重设备、吊索吊具的配置与设计等，构件搬运、装卸时，动力系数取 1.2，构件吊运时动力系数可取 1.5，当有可靠经验时，动力系数可根据实际受力情况和安全要求适当增减。

（3）安装人员应培训合格后上岗，特别是起重机司机与起重工的培训。

(4) 预制木结构组件安装前应合理规划运输通道和临时堆放场地，并应对成品堆放采取保护措施。

(5) 施工安装前，应检验以下几点：

1) 混凝土基础部分是否满足木结构施工安装精度要求。

2) 安装用材料及配件是否符合设计和国家标准及规范要求。

3) 预制构件外观质量、尺寸偏差、材料强度和预留连接位置等。

4) 连接件及其他配件的型号、数量和位置。

5) 预留管线、线盒等的规格、数量、位置及固定措施等。

以上检验若不合格，不得进行安装。

(6) 对于安装工序要求复杂的组件，宜选择有代表性的单元进行试安装，并根据试安装结果，对施工方案进行调整。

(7) 组件安装前应进行测量放线，检查核对组件装配位置、连接构造及临时支撑方案等。

2.4.2 安装要点

装配式木结构建筑安装时应做好以下工作，确保施工质量。

1. 吊点设计

吊点设计由设计方给出，应符合以下要求：

(1) 对于已拼装构件，应根据结构形式和跨度确定吊点，施工方须进行试吊，证明结构具有足够的刚度后方可开始吊装；

(2) 杆件吊装宜采用两点吊装（图 2.30)，长度较大的构件可采取多点吊装；

(3) 长细杆件应复核吊装过程中的变形及平面外稳定，板件类、模块化构件应采用多点吊装（图 2.31)，组件上应有明显的吊点标示。

图 2.30 杆件两点吊装

图 2.31 板件多点吊装

2. 吊装要求

(1) 对刚度差的构件，应根据其在提升时的受力情况用附加构件进行加固。

(2) 吊装过程应平稳，构件吊装就位时，应使其拼装部位对准预设部位垂直落下。

(3) 正交胶合木墙板吊装时，宜采用专用吊绳和固定装置，移动时采用锁扣扣紧。

(4) 竖向组件和部件安装应符合下列规定。

1）底层构件安装前，应复核结合面标高，并安装防潮垫或其他防潮措施。

2）其他层构件安装前，应复核已安装构件的轴线位置、标高。

3）柱的安装应先调整标高，再调整水平位移，最后调整垂直偏差，柱的标高、位移、垂直偏差应符合设计要求，调整柱垂直度的缆风绳或支撑夹板，应在柱起吊前在地面绑扎好。

4）校正构件安装轴线位置后初步校正构件垂直度并紧固连接节点，同时采取临时固定措施。

（5）水平组件安装应复核支撑位置连接件的坐标，与金属、砖、石、混凝土等的结合部位采取相应的防润防腐措施。

（6）安装柱与柱之间的主梁构件时，应对柱的垂直度进行检测，除检测梁两端柱子垂直度变化外还应检测相邻各柱因梁连接影响而产生的垂直度变化。

（7）桁架可逐榀吊装就位，或多榀桁架按间距要求在地面用永久性或临时支撑组合成数榀后一起吊装。

3. 临时支撑

（1）构件安装后应设置防止失稳或倾覆的临时支撑。

（2）水平构件支撑不宜少于2道（图2.32）。

图2.32　水平构件临时支撑

（3）预制柱、墙组件的支撑，其支撑点距底部的距离不宜小于高度的2/3，且不应小于柱或墙体高度的1/2。

（4）临时支撑应设置可对组件的位置和垂直度进行调节的装置。

4. 连接施工

（1）螺栓应安装在预先钻好的孔中，孔不能太小或太大。太小时，如果对木构件重新钻孔会导致木构件的开裂，而这种开裂会极大地降低螺栓的抗剪承载力，相反如果孔洞太大，销槽内会产生不均匀压力。一般来说，预钻孔的直径比螺栓直径大0.8～1.0mm，同时，螺栓的直径不宜超过25mm。

（2）螺栓连接中力的传递依赖于孔壁的挤压，因此连接件与被连接件上的螺栓孔必须同心。

（3）预留多个螺栓钻孔时宜将被连接构件临时固定后，一次贯通钻孔，安装螺栓时应拧紧，确保各被连接构件紧密接触，但拧紧时不得将金属垫板嵌入胶合木构件中。

5. 其他注意事项

（1）现场安装时，未经设计允许不得对预制木组件进行切割、开洞等影响预制木组件完整性的行为。

（2）装配式木结构现场安装全过程中，应采取防止预制木组件及建筑附件、吊件等破损、遗失或污染的措施。

2.4.3　防火施工要点

（1）预制木组件防火涂层施工可在木结构工程安装完成后再进行，木材含水率不应大于15%，构件表面应清洁，无油性物质污染，表面喷涂层应均匀，不应有遗漏，干厚度应符合设计规定。

(2) 楼盖、楼梯、顶棚以及墙体内最小边长超过25mm的空腔，其贯通的竖向高度超过3m，或贯通的水平长度超过20m时，应设置防火隔断，天花板、屋顶空间，以及未占用的阁楼空间所形成的隐蔽空间面积超过300m²，或长边长度超过20m时，应设置防火隔断，并应分隔成面积不超过300 m²且长边长度不超过20m的隐蔽空间。

(3) 防火墙设置和构造应按设计规定进行施工，砖砌防火墙厚度和烟道、烟囱壁厚度不应小于240mm，金属烟囱应外包厚度不小于70mm的矿棉保护层或耐火极限不低于1h的防火板覆盖。烟囱与木构件间的净距不应小于120mm，且应有良好的通风条件，烟囱出楼屋面时，其间隙应用不燃材料封闭。

(4) 预制木结构建筑室内装修、电器设备的安装等工程，应符合现行国家标准《建筑内部装修设计防火规范》(GB 50222—2017) 的有关规定。

2.4.4 工程施工质量验收

1. 一般规定

装配式木结构工程施工质量验收应符合现行国家标准《建筑工程施工质量验收统一标准》(GB 50300—2013)、《木结构工程施工质量验收规范》(GB 50206—2012) 及国家现行相关标准的规定。当国家现行标准对工程中的验收项目未做具体规定时，应由建设单位组织设计、施工、监理等相关单位制定验收具体要求。

装配式木结构建筑验收的一般规定有以下几点：

(1) 装配式木结构子分部工程应划分为木结构制作安装和木结构防护（防腐、防火）两分项工程，先验收分项工程并验收合格后，再验收子分部工程。

(2) 工厂预制木组件制作前应按设计要求对原材料进行检查验收，制作完成出厂前应按设计要求对木组件进行检查验收。

(3) 装配式木结构工程外观质量除满足设计文件要求外，还应符合下列要求：

1) A级，结构构件外露，构件表面孔洞应采用木材修补，木材表面应用砂纸打磨。

2) B级，结构构件外露，外表可用机具刨光，表面可有轻度漏刨、细小缺陷和空隙，不应有松软节的孔洞。

3) C级，结构构件不外露，构件表面可不进行刨光。

2. 主控项目

装配式木结构建筑施工质量的主控项目见表2.4。

表2.4　装配式木结构建筑施工质量主控项目

序号	项　目	检查数量	检　验　方　法
1	预制组件使用的结构用木材应符合设计文件的规定，并应有产品质量合格证书	检验批全数	实物与设计文件对照，检查质量合格证书、标识
2	装配式木结构的结构形式、结构布置和构件截面尺寸应符合设计文件的规定	检验批全数	实物与设计文件对照、尺量

续表

序号	项 目	检查数量	检 验 方 法
3	安装组件所需的预埋件的位置、数量及连接方式应符合设计要求	全数检查	目测、尺量
4	预制组件的连接件类别、规格和数量应符合设计文件的规定	检验批全数	目测、尺量
5	现场装配连接点的位置和连接件的类别、规格及数量应符合设计文件的规定	检验批全数	实物与设计文件对照、尺量
6	层板胶合木构件平均含水率不应大于15%，同一构件各层板间含水率差别不应大于5%；轻型木结构规格材平均含水率不应大于20%	胶合木：每一检验批每一规格随机抽取5根；规格材：每一检验批每一树种每一规格等级随机抽取5根	参见《木结构工程施工质量验收规范》（GB 50206—2012）附录C的规定
7	胶合木受弯构件应做荷载效应标准组合作用下的抗弯性能见证检验，在检验荷载作用下胶缝不应开裂，原有漏胶胶缝不应发展，跨中挠度的平均值不应大于理论计算值的1.13倍，最大挠度不应大于表2.5的规定	每一检验批同一胶合工艺、同一层板类别、树种组合、构件截面组坯的同类型构件随机抽取3根	参见《木结构工程施工质量验收规范》（GB 50206—2012）附录F的规定
8	胶合木弧形构件的曲率半径及其偏差应符合设计文件的规定，层板厚度不应大于曲率半径的0.8%	检验批全数	钢尺尺量
9	装配式轻型木结构和装配式正交胶合木结构的承重墙、剪力墙、柱、楼盖、屋盖布置、抗倾覆措施及屋盖抗掀起措施等，应符合设计文件的规定	检验批全数	实物与设计文件对照

表2.5　　荷载效应标准组合作用下受弯木构件的挠度限值

项 次	构 件 类 型		挠度限值/m
1	檩条	$L \leqslant 3.3$m	$L/200$
		$L > 3.3$m	$L/250$
2	主梁		$L/250$

注　L为构件长度。

3. 一般项目

装配式木结构建筑施工质量的一般项目见表2.6。

表2.6　　装配式木结构建筑施工质量一般项目

序号	项 目	检查数量	检验方法
1	装配式木结构的尺寸偏差应符合设计文件的规定	检验批全数	目测、尺量
2	螺栓连接预留孔尺寸应符合设计文件的规定	检验批全数	目测、尺量
3	预制木结构建筑混凝土基础平整度应符合设计文件的规定	检验批全数	目测、尺量
4	预制墙体、楼盖、屋盖组件内填充材料应符合设计文件的规定	检验批全数	目测，实物与设计文件对照，检查质量合格证书
5	预制木结构建筑外墙的防水防潮层应符合设计文件的规定	检验批全数	目测，检查施工记录

续表

序号	项 目	检查数量	检验方法
6	装配式木结构中胶合木构件的外观质量应符合《木结构工程施工质量验收规范》(GB 50206—2012) 第3.0.5条的规定，对于外观要求为C级的构件截面，可允许层板有错位（图2.33），截面尺寸允许偏差和层板错位应符合表2.7的要求	检验批全数	厚薄规（塞尺）、量器、目测
7	装配式木结构中木骨架组合墙体的墙骨间距、墙骨的布置和数量、墙骨开槽或开孔的尺寸和位置、地梁板的防腐防潮及基础的锚固措施、墙体顶梁板规格材的层数、墙体覆面板的等级和厚度、墙体覆面板与墙骨钉连接用钉的间距、墙体与楼盖或基础间连接件尺寸和布置应符合设计文件的规定	检验批全数	对照实物目测检查
8	装配式木结构中楼盖体系的楼盖拼合连接节点的形式和位置、楼盖洞口的布置和数量、洞口周围构件的连接、连接件的规格尺寸及布置应符合设计文件的规定	检验批全数	目测、尺量
9	装配式木结构中屋面体系的檩条、天棚搁栅或齿板屋架的定位、间距和支撑长度，屋盖洞口周围椽条与顶棚搁栅的布置和数量，洞口周围椽条与顶棚搁栅间的连接、连接件的规格尺寸及布置，屋面板铺钉方式及搁栅连接用钉的间距	检验批全数	目测、尺量
10	预制梁柱组件的制作与安装偏差宜分别按梁、柱构件检查验收	检验批全数	目测、尺量
11	轻型木结构墙体、楼盖、屋盖的制作与安装偏差，不应大于《木结构工程施工质量验收规范》(GB 50206—2012) 的表E.0.4的规定	检验批全数	《木结构工程施工质量验收规范》(GB 50206—2012) 的表E.0.4
12	外墙接缝处的防水性能应符合设计要求	按批检验，每1000m² 或不足1000 m² 外墙面积划分为一个检验批，每个检验批每1000 m² 应至少抽查一处，每处不得少于10 m²	检查现场淋水试验报告

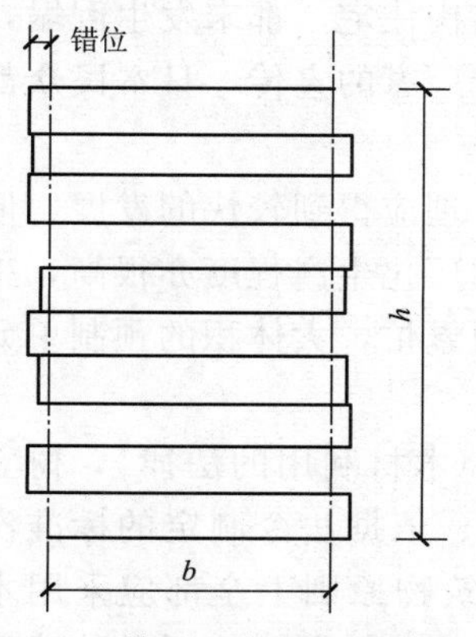

图2.33 外观C级层板错位示意
b—截面宽度；h—截面高度

表2.7 外观C级时胶合木构件截面的允许偏差

单位：mm

截面的高度或宽度	截面高度或宽度的允许偏差	错位的最大值
(h或b) <100	±2	4
100≤ (h或b) <300	±3	5
300≤ (h或b)	±6	6

2.5 装配式木结构建筑国内外发展现状

2.5.1 装配式木结构建筑国外发展现状

1. 日本

日本是世界上地震发生和台风袭击最多的国家之一，在这样的背景下，日本木结构得到了稳步的发展（图 2.34）。根据日本国土交通省综合政策局情报管理部建设统计室的调查统计，截止到 2019 年底日本住宅建筑的 45%以上为木结构建筑形式。日本建筑基本法规定，木质结构住宅不许超过 3 层，3 层或 3 层以下住宅基本上全部为木质结构。

图 2.34 日本的装配式木结构住宅

从木质结构住宅的结构类型来看，梁柱式木结构占绝对比例，但 8 年间所占比例下降了 3.31%，降幅为 4.12%。工厂预制式结构（一般为板式结构，在工厂生产出整块的墙，包含门、窗、楼板甚至单元间，运往建设地吊装即可完工）所占比例不大，亦呈逐年下降的趋势，8 年间所占比例下降了 1.98%，降幅达 36.26%。采用规格材为框架的轻型木结构，这几年得到了较快的发展，8 年间所占比例增长了 5.3%，增幅达到了 37.25%。

梁柱式木结构过去不使用斜撑，也很少使用金属加强件。但现在的研究表明：斜撑对增强梁柱木结构的抗震能力具有十分重要的作用。因此，现在的梁柱木结构普遍使用了斜撑和金属加强件。梁柱式木结构的榫槽和榫头由专用数控机床加工，加工精度高，也进一步提高了其抗震能力。

轻型木结构之所以在日本得到较大的发展，一个很重要的原因就是在近几年所发生的地震中，轻型木结构住宅几乎没有倒塌的案例。林知行在其著作《变化了的木材·木造建筑》中提到：所有新建的或在使用年限内、维护较好的木质结构住宅，都未发生倒塌，倒塌的多是年久失修的旧式传统梁柱木结构住宅。经媒体和生产厂家的宣传，日本民众都认识到了轻型木结构住宅的安全性。

工厂预制式结构的生产效率高，适合工业化大规模生产，理应得到较快的发展，但其数量在逐年减少，原因主要来自两方面：一是轻型木结构的工厂化生产程度亦很高，工厂预制式结构的优势相对减小；二是日本的公路普遍较窄且交通繁忙，大体积的预制单元体运输困难。

日本于 2010 年 10 月 1 日施行了《关于促进公共建筑物中木材利用的法律》，树立了“除用于灾害应急对策活动的设施等外，凡由国家出资建设的、依据法令制定的标准没有要求是耐火建筑物或主要构造部分为耐火构造的低层公共建筑物原则上全部应采用木结构”的规定。与之配套的则是一系列措施：木材利用奖励积分制度、使用木质装修或木结构的新建公共建筑物的贴息贷款、木材利用普及政策、木材使用国民运动、木材利用教育等。

日本积极推进向中国、韩国等海外市场的木材、木结构构件、内外装修用制品、木结构建筑及其技术的出口，并且在中国、韩国参加木结构相关规范的修编、建设高抗震性能好并经济适用的木结构样板房、举办木结构技术进修活动等。此外还构建了符合东亚市场需求的梁柱结构技术体系。

2. 芬兰

芬兰的森林资源十分丰富，覆盖率达72%左右，森林的年生长量约为8700万m^3，年出口木材量约800万m^3，是世界上主要的木材出口国之一。

芬兰装配式木结构建筑（图2.35）历史悠久，无论是城市还是乡村，几乎全部的传统建筑都采用木结构建造。即使是以混凝土结构、钢结构为主流的今天，装配式木结构建筑形式在芬兰仍然得到了充分的重视和普遍的推广。

图2.35　芬兰装配式木结构住宅

芬兰的木材加工技术非常成熟，装配式木结构建造经验非常丰富，让木材的性能得到了充分的发挥，木结构建筑样式也日益增多。随着芬兰装配式木结构建筑工业化程度不断提高，很大程度上缩短了施工工期、降低了建造成本、增强了结构性能。2019年，芬兰开始实施“现代化的木头城市”计划，并已在30个地区开展建造不同形式的装配式木结构房屋。这不仅进一步推动了装配式木结构建筑在芬兰的发展，也会促使木结构建筑在其他国家的复兴和发展。

3. 北美地区

北美地区的低层住宅和公用建筑较常采用装配式轻型木结构（图2.36）。在《美制木结构住宅导论》中提到：2006年美国新建单体住宅150万套和低层联体住宅35万幢，其中高达90%为装配式轻型木结构，可见装配式轻型木结构在美国普及之广。美国关于装配式木结构的技术资料如规范、手册等分门别类，非常详细，为工程师提供了极大的便利。其中屋面屋架必须由专业的屋面屋架注册工程师设计，一般采用计算机辅助设计。利用设计软件可精确确定屋面桁架各杆件的尺寸，各节点齿板的大小、规格及受力状态，并完成三维视图及施工图。专业的制造商根据设计图纸加工，然后由专业的安装企业负责安装。

图2.36　北美地区装配式轻型木结构住宅

在加拿大，林木资源十分丰富，木材工业是该国支柱产业之一，其装配式木结构住宅工业化程度极高，并有一套完整的森林培育体系。此外，加拿大实行森林认证制度，使木材的砍伐速度低于种植速度，因此拥有丰富的、高品质森林资源，保持着森林资源的再生，使森林得到可持续经营。

近几年来，国外很多企业在我国发达地区开发装配式轻型木框架结构建筑（图2.37）。重复使用小型构件和紧固件是装配式轻型木结构的一个显著特点。正是通过这种重复，使装配式轻型木结构比一般结构的超静定次数多得多，即形成了一种设计冗余，在主要荷载传递路径失效时能有其他途径可供使用，不致使结构突然失效。这种结构有很多优势：可标准化设计、模块化组建、施工简便、全部为干式作业、不需要挖地基且有极好的耐候性和抗风性，寿命在50年以上。它能营造出室内好的氛围，保温、隔热、隔音、防渗透且造型优美，特别有利于创造出冬暖夏凉的室内小环境。

2.5.2　装配式木结构建筑国内发展综述

1. 我国装配式木结构建筑发展现状

古代木结构曾经是我国古代建筑（图2.38）中最常见的一种结构体系，经能工巧匠精心设计、巧妙施工而成，集历史性、艺术性和科学性于一身，具有极高的文物价值和观赏价值。

图2.37　装配式轻型木框架结构建筑

图2.38　福建省福州市华林寺大殿

我国木结构建筑发展至今，已从传统重木结构建筑进入现代装配式木结构建筑的新发展阶段（图2.39）。过去几十年，由于我国林业资源的匮乏和木材的短缺，政府对木材在建筑上的应用制定了严格的限制措施，提倡以钢代木，以塑代木。因此，木结构房屋被排除在主流建筑之外。但最近几年，由于经济的发展和生活水平的提高，人们更加注重居住环境，对木结构房屋的需求增加。且随着改革开放的深入，大量外国机构的工作人员进入中国，他们对木结构房屋的需求也刺激了木结构住宅建设的发展。随着国家标准《装配式木结构建筑技术标准》（GB/T 51233—2016）和新版《木结构设计标准》（GB 50005—2017）的颁布实施，以及国家鼓励装配式建筑发展的政策推动，我国木结

图2.39　我国现代装配式木结构住宅

构建筑行业正在迎来爆发式发展。

多年来，各地建成了一批装配式木结构示范项目。2005 年加拿大木结构房屋中心——梦加园办公楼在上海浦东金桥开发区落成（图 2.40）；2006 年 9 月上海徐汇区木结构平改坡示范工程竣工（图 2.41），随后相继完成了上海各区数十幢木结构旧房改造项目；青岛市 18 栋木结构旧房改造项目，南京、石家庄等地区数百栋木结构平改坡工程相继竣工；2008 年汶川地震后，加拿大政府为四川省援建一批木结构建筑，包括都江堰向峨小学（图 2.42）、绵阳市特殊教育学校、北川县擂鼓镇中心敬老院、青川县农房项目等。

图 2.40　上海梦加园办公楼

图 2.41　上海木结构平改坡示范工程

图 2.42　都江堰向峨小学

我国装配式木结构房屋越来越广阔的市场前景引起了欧美国家相关机构及企业的广泛关注。2001 年加拿大林业代表团访华时，就木结构建筑的材料和技术问题与我国政府和科研单位进行了深入的交流，认为在制定木结构建筑标准、完善木材产品规则和培训技术人才方面具有很大的合作空间。美国林业纸业协会、加拿大木材出口局等会同我国有关单位，在北京、大连、上海举办木结构房屋建筑大型系列研讨会，还成立了“加拿大—中国房地产商交流协会”，旨在促进中加两国在房地产开发及木框架房屋建筑技术方面的信息交流，为我国用户提供木结构房屋建筑。此外，美国、新西兰、丹麦等国家具有木结构住宅生产能力的大企业集团对我国市场也十分看好。他们将目光瞄向物业类型相似且售价昂贵的别墅市场，在北京、上海、广州、南京、苏州、深圳、大连、重庆等城市，已连续开发了许多木结构房屋示范项目。

2. 制约我国装配式木结构建筑发展的因素

总体上，国外装配式木结构在民用建筑、公共建筑上皆有较大规模应用。但在我国，就目前而言除了一些高端木别墅住宅、中外合作木结构示范工程以及规模较小的园林景观建筑外，其他领域木结构的应用比例仍旧较低，总结起来主要有如下四方面的原因。

（1）木材资源的限制。由于我国人口密度大，所以在当建设高密度的城市时，木材显然不是一种非常好的材料。木结构建筑由于技术方面的限制，无法像混凝土一样盖到几十层的高度。此外，我国木材储量也不够多，尽全国之树也难供城市建设之需。

(2) 关于木结构建筑的教育、研究落后。多年来我国将木结构建筑排斥在主流建筑形式之外，很少有院校开设有木结构建筑相关课程，仅有少量院校如南京林业大学等开设有一些木结构建筑的课程。教育上的匮乏导致人才的缺乏。我国真正掌握木结构建筑构造、科技的专业人士少之又少，高校及科研单位专门针对木结构建筑的研究也是极其有限。如今我们所能查阅到的木结构建筑相关信息，大都是国外或者很多年以前的，这样的状况对于中国木结构建筑的发展势必是不利的。

(3) 上下游产业链不完善。产业链不完善是制约木结构发展的重要因素。通常来说把一个完整的建筑结构造出来需要设计、原材料生产、建筑材料加工、施工等参与方的通力合作。而实际上，国内熟练运用木结构相关技术的建筑师工程师团队相对熟悉混凝土、钢结构的团队少之又少。能够完整将造型、结构、给排水、暖通、机电、电气等工序完成的施工团队也是凤毛麟角。所以，国内的整个产业链不成熟，没有形成从林业、材料、设计、施工一整套完整的团队，导致使用木结构价格的上升和不普遍。

(4) 传统观念制约。在现代人们的观念之中，我国传统的农村木屋常常是不坚固、简陋的，不如现代混凝土建筑舒适、安全。由于没有代表性的木结构建筑，人们不了解木结构建筑的特性，因此会怀疑木结构建筑是否防虫、防腐、防火，使用木材乱砍滥伐又是否环保，等等。

3. 我国装配式木结构建筑发展展望

对装配式木结构建筑的推广，要进行科学引导，尽快形成木结构建筑产业链，业主、设计、施工、构件制作等各方主体应形成合力，共同推动我国木结构建筑健康发展。

(1) 多措并举，在全国范围内，大力推广装配式木结构体系。在地震区、地质灾害多发区、旅游度假区，重点推广木结构建筑。提升农村木结构建筑占比，争取旅游风景区木结构建筑全覆盖。

(2) 加快研究多层、高层现代木结构建筑技术，进行高层木结构建筑试点示范。推动木结构建筑在政府投融资公共项目中的应用，以及在平改坡、棚户区、历史风貌建筑改造中的应用。

(3) 逐年增加木结构研发投入。不断攻克木结构应用的关键技术难题。国内应多鼓励高等院校、研究机构、木结构制造企业，在工程木材的强度、防火、防潮及耐久性等方面争取有突破性进展，逐步为木结构建筑的大面积推广应用扫清技术上的障碍。

2.6　装配式木结构建筑案例

1. 斯阔米什游客探险中心

斯阔米什游客探险中心（图2.43）位于加拿大卑诗省的斯阔米什镇（Squamish）郊区。该建筑占地522m^2，由高8m、总长107m的环形玻璃幕墙所包围。木结构用了1000多块独特形状的胶合木构件，木材为卑诗省西海岸最高级别的花旗松。

为了在有限的期限内达到如此复杂的精细结构，每一个组件都通过电脑进行三维建模处理，然后采用电脑数控，通过得到的数字化模型文件对木材进行加工制作。由于事先的

图 2.43　斯阔米什游客探险中心

周密规划和精密制造，现场装配仅使用了 2 台轮式起重机和 4 名工作人员，施工进度很快。木结构部分从设计到搭建仅仅用了 3 个月，整个项目历时仅仅为 8 个月，所有构件组装接合得非常完美。

2. 奥克伍德大厦及 W350 塔楼

近几年，世界各地许多木质摩天楼“接踵而起”，以英国伦敦的奥克伍德大厦（图 2.44）为代表，它是伦敦第一座木质摩天大楼，被称为用木头推动建筑物边界的实验。该建筑高度 300m，一共 80 层，主要材料为木材，配合使用钢筋混凝土。

2018 年，日本的住友林业公司正在东京动工建造高达约 350m 的 W350 塔楼（图 2.45），耗资 56 亿美元，计划 2041 年完工，将成为世界上最高的木质建筑。据悉，这是一座 70 层的塔楼，采用 90%木质材料的混合结构，不过主要承重结构还是来自钢筋混凝土与合成木的组合。该摩天大楼的绿色阳台将填充其大楼的外部，将建筑物与其环境相连。

图 2.44　英国伦敦奥克伍德大厦

图 2.45　日本住友林业公司建造的 W350 塔楼

3. 2018 世界人工智能大会——西岸峰会项目

2018 世界人工智能大会——西岸峰会项目（图 2.46）位于上海市徐汇区龙腾大道与龙兰路交叉口。苏州昆仑绿建承担了该项目中木结构部分的加工和安装工作。

该工程规模为 1841.20 m^2，含两个三角形异形屋顶。屋顶采用异形胶合木结构，胶合木以菱形交叉分布，形成网状，与钢结构主体完美结合，赋予峰会场馆独特的气质与美感。项目融入了智能建造技术，与人工智能大会主题相得益彰。整个项目采用了装配式建造，工厂预制，现场拼装，具有建造快、施工质量高、节能环保等优点。

图2.46　2018世界人工智能大会——西岸峰会项目

课外资源

资源2.1：木结构建筑欣赏

资源2.2：装配式木结构建筑类型介绍

课后练习题

（1）什么是装配式木结构建筑？其主要特点有哪些？

（2）装配式木结构建筑的主要材料有哪些？其中的木材主要有哪些种类？

（3）装配式木结构建筑的类型主要有哪些？

（4）工厂生产木结构组件有哪些基本方式？

（5）装配式木结构建筑的主要防火施工要点是什么？

（6）装配式木结构建筑施工质量验收的一般规定及主控项目有哪些？

（7）通过查阅课外资料，你认为制约我国装配式木结构建筑发展的原因还有哪些？相对应的措施有哪些？

第3章 装配式钢结构建筑

学习目标

(1) 掌握装配式钢结构建筑概念及特点。

(2) 掌握装配式钢结构建筑类型。

(3) 了解装配式钢结构部件生产制作工艺流程。

(4) 掌握装配式钢结构部件生产、成品保护、运输、堆放要点。

(5) 掌握装配式钢结构建筑安装与验收要点。

(6) 了解国内外装配式钢结构建筑发展现状。

3.1 装配式钢结构建筑的概念及特点

3.1.1 装配式钢结构建筑的概念

钢结构建筑的前身是铁结构。图 3.1 是世界上现存最早的铁结构建筑——建于 1061 年的湖北荆州玉泉寺八角形铁塔，高度为 17.9m，重达 53.5t。铁结构的主要材料为铸铁和熟铁，当时的建造工艺为在工厂里铸造或锻造铁构件，然后到现场通过铆接、螺栓等方式进行连接，这实际上也是装配式的建造形式。之后力学性能更好的钢材取代了铁，同样采用工厂制作，现场铆接或螺栓连接的方式进行安装。直到 1927 年钢材焊接技术发明之后，改用现场焊接的方式进行连接，但钢构件需在工厂预先加工好。之后焊接技术逐渐普及，在部分没有钢构件工厂的地方才采用现场用乙炔切割钢材制作钢构件，再现场焊接拼装。现如今，钢构件厂早已遍布全国各地，目前的钢结构建筑如无特殊情况，均预先在钢构件工厂制作，然后运到现场通过焊接或螺栓等进行连接安装。所以我们可以认为，现在的钢结构建筑也可以称为装配式钢结构建筑。

现行国家标准《装配式钢结构建筑技术标准》（GB/T 51232—2016）关于装配式钢结构建筑的定义如下：装配式钢结构建筑是建筑的结构系统由钢部（构）件构成的装配式建筑。

3.1.2 装配式钢结构建筑的特点

1. 承载力高、结构自重轻、抗震性能优良

装配式钢结构建筑的结构承重构件主要是热轧型钢、轻型薄壁管材，这些承重构件单位质量轻，材料界面受力合理。对同一住宅建筑，据估算，装配式钢结构建筑

图 3.1 湖北荆州玉泉寺八角形铁塔

建成后自重有望比传统钢筋混凝土结构建筑减轻30%以上，与钢筋混凝土建筑相比能减轻50%左右。自重的减轻，使得装配式钢结构建筑在地震作用下的地震反应降低，震害也就相对较轻。钢材作为建筑材料界公认的优良建材，具有变形能力强、延性好、强度高等优点，这使得装配式钢结构住宅实现了轻质高强的目标，尤其在高层建筑抗震安全方面的优势突出。另外，质量轻便的钢结构建筑也能降低地下基础、运输、安装等方面的造价。

2. 建造施工周期短、构件成品质量高

依托规模化的工厂预制生产以及施工现场的快速拼接两大环节，使得装配式钢结构建筑的建设周期较短，只要等建筑的前期设计一旦确定，在现场地下工程施工的同时，钢构件加工厂就可以开始上部建筑构件的批量化生产。此外，工厂化生产依托智能化的生产机器，大大降低了人工误差，使建筑构件的尺寸、精度和质量得到了很好的保证。另外，传统混凝土建筑结构施工工序繁杂，绑钢筋、支模、浇筑混凝土、养护，环环相扣，大量施工工序带来了较长的建设周期。对比之下，装配式钢结构住宅现场的吊装拼接工艺，对施工时间的节约达到了惊人的地步。例如，全钢结构的敦煌大剧院采用了“装配式钢结构+EPC总承包”模式，实现了平均每天完成1000m^2 的施工速度，仅用时8个月便完成了常规工期需要2年以上的工程建造任务，项目管理成本、资金成本大幅度压缩约15%。

3. 内部空间尺寸大、布置灵活

随着社会经济水平的提高，人们对各自居住空间、公共建筑空间、工业建筑空间的需求也开始多样化，装配式钢结构建筑，既能实现超大空间，且内部分隔墙主要作为分隔而不是承重构件，这样也就能使得用户后期在个人居住空间的打造过程中，拥有更高的自由度，同时也大大降低居住空间二次分隔对主体承重抗震体系的不利影响。此外，经合理设计后，可将室内水电管线、暖通设备以及吊顶融合于墙体和楼板中，实现住宅智能化的综合布线系统，保证室内空间完整。

4. 绿色、环保及可持续发展

与传统钢筋混凝土建筑相比，装配式钢结构建筑在构件生产、运输、安装过程当中不会产生大量的废料和建筑垃圾。通过工厂集中加工，建筑行业普遍存在的噪声污染和施工现场的扬尘污染被最大程度地减少了。另外，对既有装配式钢结构建筑的拆改，产生的建筑废料能最大程度地被回收利用，将对环境产生的不利影响降到最低，是发展绿色建筑的重要途径。

5. 易于实现建筑的工业化和产业化

同其他装配式建筑结构相比，钢结构建筑在设计环节上更加简便，在构件生产环节上质量更加稳定，在安装施工环节上更加快捷，因此更容易实现设计的标准化、构配件生产的工厂化、现场施工的装配化。装配式钢结构的所有部件均可采用统一化生产方式，实现技术集成化，最终容易实现建筑的工业化和产业化。

当然，装配式钢结构由于其自身材料特点决定了它本身也有一些弱点，如未采取防护措施的钢构件防火性能差、易锈蚀；多层和高层装配式钢结构建筑的建造成本高；由于钢结构属于柔性建筑，高层装配式钢结构住宅易与风荷载产生共振引起舒适度问题。

3.2 装配式钢结构建筑的类型

装配式钢结构建筑主要有以下 11 种结构体系：钢框架结构体系、钢框架-支撑结构体系、钢框架-延性墙板结构体系、筒体结构体系、巨型结构体系、交错桁架结构体系、门式刚架结构体系、低层冷弯薄壁型钢结构体系、大跨度空间结构、装配式钢结构箱式房体系及其他结构体系。

3.2.1 钢框架结构体系

钢框架结构体系是指以钢梁和钢柱或钢管混凝土柱刚接连接，具有抗剪和抗弯能力的结构（图 3.2）。该结构的钢梁和钢柱共同组成框架，用来承受房屋的全部荷载，墙体一般选用空心砖或混凝土砌块砌成隔断墙。其中钢管混凝土柱是指在钢管柱中填充混凝土，使钢管与混凝土共同承受荷载（图 3.3）。

图 3.2 钢框架结构体系

钢框架结构体系受力明确，使用灵活，制作安装简单，施工速度较快。但为抵抗侧向力所需梁柱截面较大，一般可用于 6 层以下的多层建筑，且一般情况下，梁柱节点应采用刚接。这种体系由于其经济性较差，不太适合用于高层建筑。

图 3.3 钢管混凝土柱

3.2.2 钢框架-支撑结构体系

钢框架-支撑结构体系是由钢框架和钢支撑构件组成，能共同承受竖向、水平作用的结构，钢支撑分中心支撑、偏心支撑和屈曲约束支撑等（图 3.4）。该结构是在钢框架结构的基础上，沿竖向布置支撑来提高结构承载力及侧向刚度，从而使建筑的适用高度比钢框架结构有所提高。

1. 中心支撑

支撑构件的两端均位于梁柱节点处，或一端位于梁柱节点处，一端与其他支撑杆件相交。中心支撑的特点是支撑杆件的轴线与梁柱节点的轴线相汇交于一点，支撑体系刚度较大。中心支撑包括：单斜杆支撑、交叉斜杆支撑、人字形斜杆支撑、V形斜杆支撑、K形斜杆支撑、跨层交叉支撑、带拉链杆支撑（图3.5）。中心支撑适用于抗震设防等级较低的地区，以及主要有风荷载控制侧移的多高层建筑物。

图3.4 钢框架-支撑结构体系

2. 偏心支撑

支撑杆件的轴线与梁柱的轴线不是相交于一点，而是偏离了一段距离，形成一个先于支撑构件屈服的“耗能梁段”。偏心支撑包括人字形偏心支撑、V形偏心支撑、八字形偏心支撑、单斜杆偏心支撑等（图3.6）。偏心支撑适用于抗震设防等级较高的地区或安全等级要求较高的建筑，而且相对中心支撑而言可以很容易解决门窗布置受限的难题。

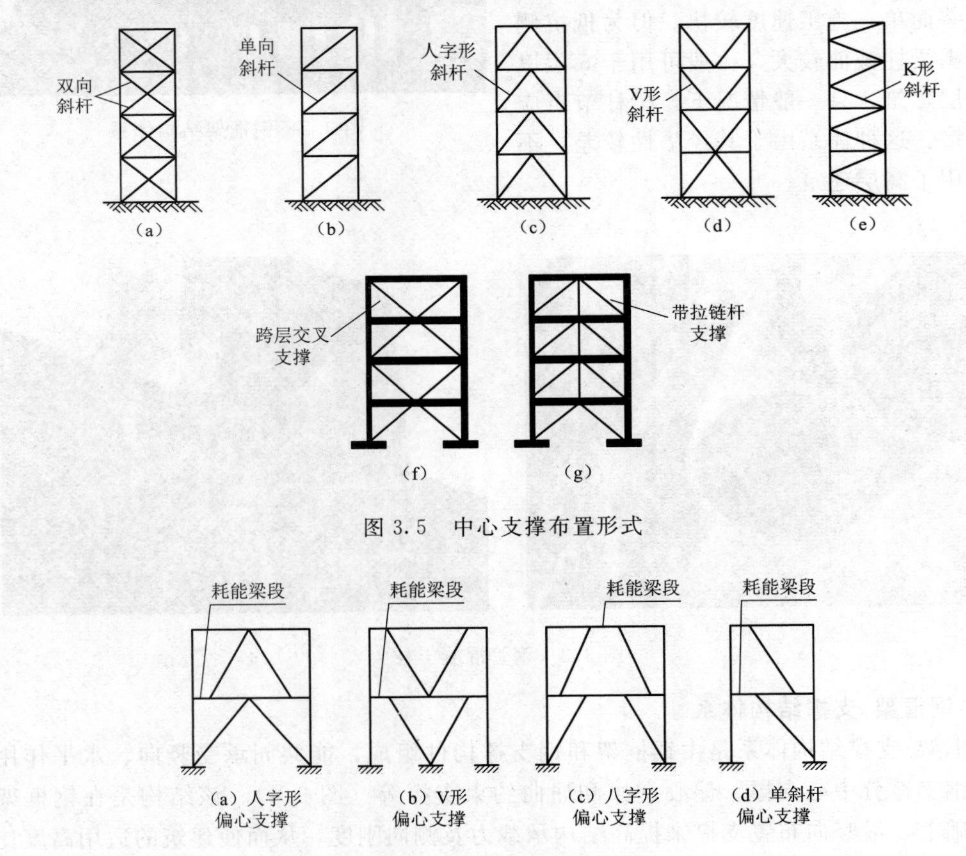

图3.5 中心支撑布置形式

图3.6 偏心支撑布置形式

3. 屈曲约束支撑

将支撑杆件设计成屈曲约束消能杆件，以吸收和耗散地震能量，减小地震反应（图3.7、图3.8）。该支撑技术较为先进，适用范围广，但造价相对较高。

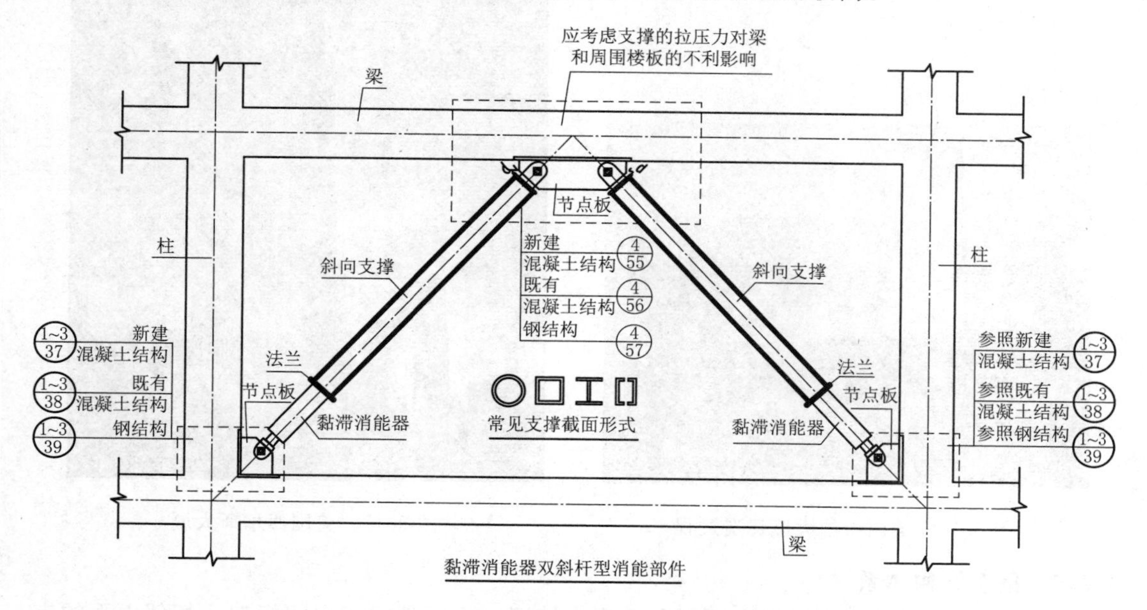

图 3.7 某建筑屈曲约束支撑设计图

3.2.3 钢框架-延性墙板结构体系

钢框架-延性墙板结构体系由钢框架和延性墙板构件组成，该结构用延性墙板代替钢支撑嵌入钢框架，形成能共同承受竖向、水平作用的结构，延性墙板有带加劲肋的钢板剪力墙、带竖缝混凝土剪力墙等（图3.9）。

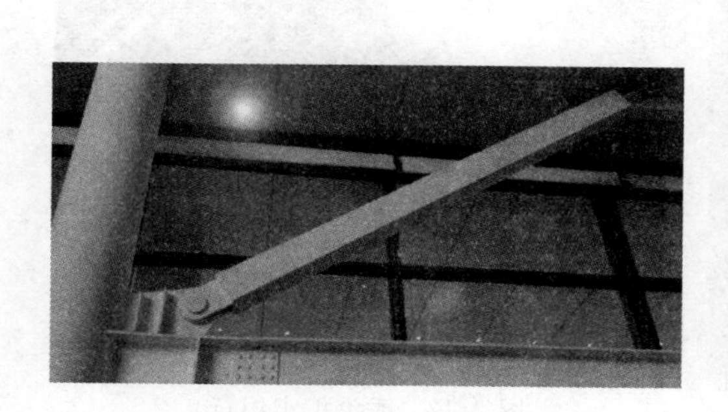

图 3.8 屈曲约束支撑结构图

图 3.9 钢框架-延性墙板结构体系
（带竖缝混凝土剪力墙）

3.2.4 筒体结构体系

筒体结构是指由一个或几个竖向筒体为主组成的承受竖向和水平作用的建筑结构。筒体结构有框筒、筒中筒、桁架筒及束筒等结构形式，主要适用于超高层建筑。图3.10为美国帝国大厦，采用的是钢结构中的筒中筒结构；图 3.11 为美国西尔斯大厦，采用的是钢结构中的束筒结构。

图 3.10 美国帝国大厦建造过程

图 3.11 美国西尔斯大厦

3.2.5 巨型结构体系

巨型结构体系是指用巨柱、巨梁和巨型支撑等巨型杆件组成空间桁架，相邻立面的支撑交汇在角柱，形成巨型空间桁架结构。空间桁架可以抵抗任何方向的水平力，水平力产生的层剪力通过支撑斜杆的轴向力抵抗，可最大限度地利用材料；楼板和围护墙的重量通过次构件传至巨梁，再通过柱和斜撑传至基础。因此巨型桁架是既高效又经济的抗侧力结构。

巨型结构为高层或超高层建筑的一种崭新体系。由于其自身的优点及特点，已越来越被人们重视，并越来越多地应用于工程实际，是一种很有发展的结构形式。图 3.12 中的香港汇丰银行大楼就属于巨型钢结构体系。

图 3.12 香港汇丰银行

3.2.6 交错桁架结构体系

交错桁架结构体系是指在建筑物横向的每个轴线上，平面桁架各层设置，而在相邻轴线上交错布置的结构［图 3.13 (a)］。在相邻桁架间，楼层板一端支撑在下一层平面桁架的上弦上，另一端支撑在上一层桁架的下弦上。它的特点是在同一层中，因为桁架的抽空，可获得两倍柱距的建筑空间，此外，柱子只在建筑外围布置，中间没有柱子的影响。图 3.13 (b) 为纽约市夏日街一公寓塔楼建筑，该建筑最初打算采用混凝土结构，后因有关材料费用较高而场地在后勤方面也遇到困难，基于复杂的多户型规划和挑战性的地基情况，最终决定采用交错桁架结构体系。

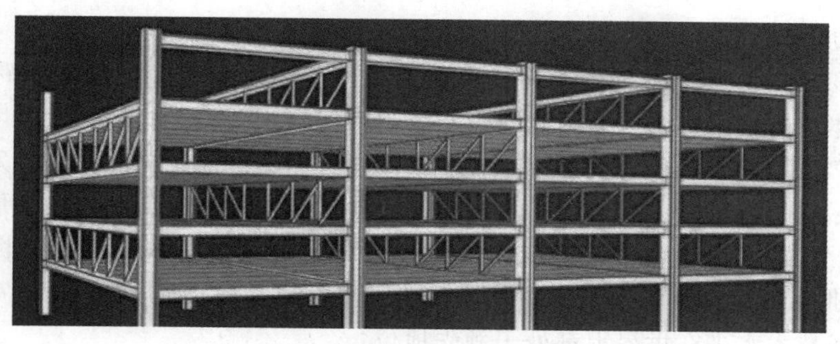

(a) 交错桁架结构模型

(b) 纽约市夏日街一公寓塔楼

图 3.13 交错桁架结构体系

3.2.7 门式刚架结构体系

门式刚架结构体系是指承重结构采用变截面或等截面实腹刚架的单层房屋结构（图 3.14）。该结构的上部主构架包括刚架斜梁、刚架柱、支撑、檩条、系杆、山墙骨架等。

门式刚架结构坚固耐用，柱网尺寸布置自由灵活，能满足不同气候环境条件下的施工和使用要求。此外，建筑外形新颖美观、质优价宜、经济效益明显。该结构适用于单层工业厂房、民建超级市场和展览馆、库房以及各种不同类型仓储式工业及民用建筑等。

图 3.14 门式刚架结构建筑

3.2.8 低层冷弯薄壁型钢结构体系

低层冷弯薄壁型钢结构体系是指以冷弯薄壁型钢为主要承重构件，不大于 3 层，檐口高度不大于 12m 的低层房屋结构。低层冷弯薄壁型钢结构体系建筑具有自重轻、节能环保、施工速度快、抗震性能好等优点，在北美、欧洲、澳大利亚以及日本等地区和国家已得到广泛应用，近年来在我国也得到了一定的推广和应用。图 3.15 为某低层冷弯薄壁型钢结构体系住宅的建造现场。

3.2.9 大跨度空间结构

横向跨度60m以上空间的各类结构可称为大跨度空间结构。常用的大跨度空间结构形式包括壳体结构、网架结构、网壳结构、悬索结构、张弦梁结构等。大跨度空间结构是国家建筑科学技术发展水平的重要标志之一，世界各国对空间结构的研究和发展都极为重视，例如国际性的博览会、奥运会、亚运会等，各国都以新型的空间结构来展示本国的建筑科学水平，大跨度空间结构已经成为衡量一个国家建筑技术水平高低的标志之一。图3.16所示的北京奥运会主场地——国家体育馆屋盖中间开洞长度185.3m，宽度127.5m，其建设规模和技术水平在世界上都处于领先地位。

图3.15 低层冷弯薄壁型钢结构体系住宅建造现场

图3.16 北京奥运会主场地——国家体育馆

3.2.10 装配式钢结构箱式房体系

装配式钢结构箱式房体系是一种可移动、可重复使用的建筑产品，亦可称为组合箱式房或集装箱式房。该结构体系采用模数化设计、工厂化生产，以箱体为基本单元，可单独使用，也可通过水平及竖直方向的不同组合形成宽敞的使用空间，竖直方向可以叠层。箱体单元结构是采用特殊型钢焊接而成的标准构件，箱与箱之间通过螺栓连接而成，结构简单，安装方便快捷。

图3.17 武汉火神山医院建设全景图

图3.17为2020年初为专门集中收治新型冠状病毒肺炎患者而修建的武汉火神山医院建设全景图。医院总建筑面积3.39万m^2，设床位1000张，病房采用装配式钢结构箱式房进行模块化拼接（图3.18）。在与病魔抢时间的情况下，2020年1月23日召开关于医院项目建设的专题会议，2020年1月24日完成相关设计方案，2020

年2月2日上午便正式交付使用。该项目从方案设计到建成交付仅用10天，被誉为“中国速度”，更被国外媒体称为“奇迹建筑”。

图3.18　病房采用装配式钢结构箱式房

3.2.11　其他结构体系

除以上介绍的几种钢结构体系外，部分高校和企业还研发了钢管束混凝土剪力墙结构体系、方钢管组合异形柱结构体系、约束混凝土柱组合梁框架-钢支撑结构体系、自复位装配式钢结构体系等。

3.3　装配式钢结构部件的生产与运输

3.3.1　装配式钢结构部件生产工艺分类

装配式钢结构建筑类型不同，其部件生产工艺、自动化程度和生产组织方式也各不相同。大体上可以把装配式钢结构建筑的部件生产工艺分为以下几个类型：

（1）普通钢结构部件生产，包括钢柱、钢梁、支撑、剪力墙板、桁架、钢结构配件等的生产。

（2）板材部件生产，包括压型钢板-保温复合墙板、钢筋桁架楼承板与屋面板等的生产。

（3）网架结构部件生产，包括平面或曲面网架结构的杆件和连接件的生产。

（4）集成式低层轻钢结构建筑部件生产，包括低层轻钢结构在内的各个系统（建筑结构、外围护、内装、设备管线系统的部品部件与零配件）的生产和集成。

3.3.2　普通钢结构部件生产制作工艺

1. 普通钢结构部件生产制作内容

普通钢结构部件的生产制作内容如下所示：

（1）将型钢剪裁至设计长度，或将钢板剪裁成设计的形状、尺寸。

（2）将不够长的型钢焊接接长，或拼接钢板（如剪力墙板）。

（3）用钢板焊接成需要的构件（如H形柱、带肋的剪力墙板等）。

（4）用型钢焊接桁架或其他格构式构件。

（5）在钢构件上钻孔，包括构件连接用的螺栓孔，管线通过的预留孔。

（6）清理剪裁、钻孔毛边以及表面等不光滑处。

（7）除锈以及进行防腐蚀处理。

2. 普通钢结构部件生产制作工艺流程

普通钢结构部件生产制作工艺流程包括：钢材除锈、型钢校直、画线、剪裁、矫正、钻孔、清边、组装、焊接、除锈及防腐蚀处理等，如图3.19所示。

3. 普通钢结构部件生产制作主要设备

普通钢结构部件生产制作的主要设备见表3.1。图3.20～图3.26为普通钢结构构件制作的相关设备，图3.27为H型钢重钢生产线。

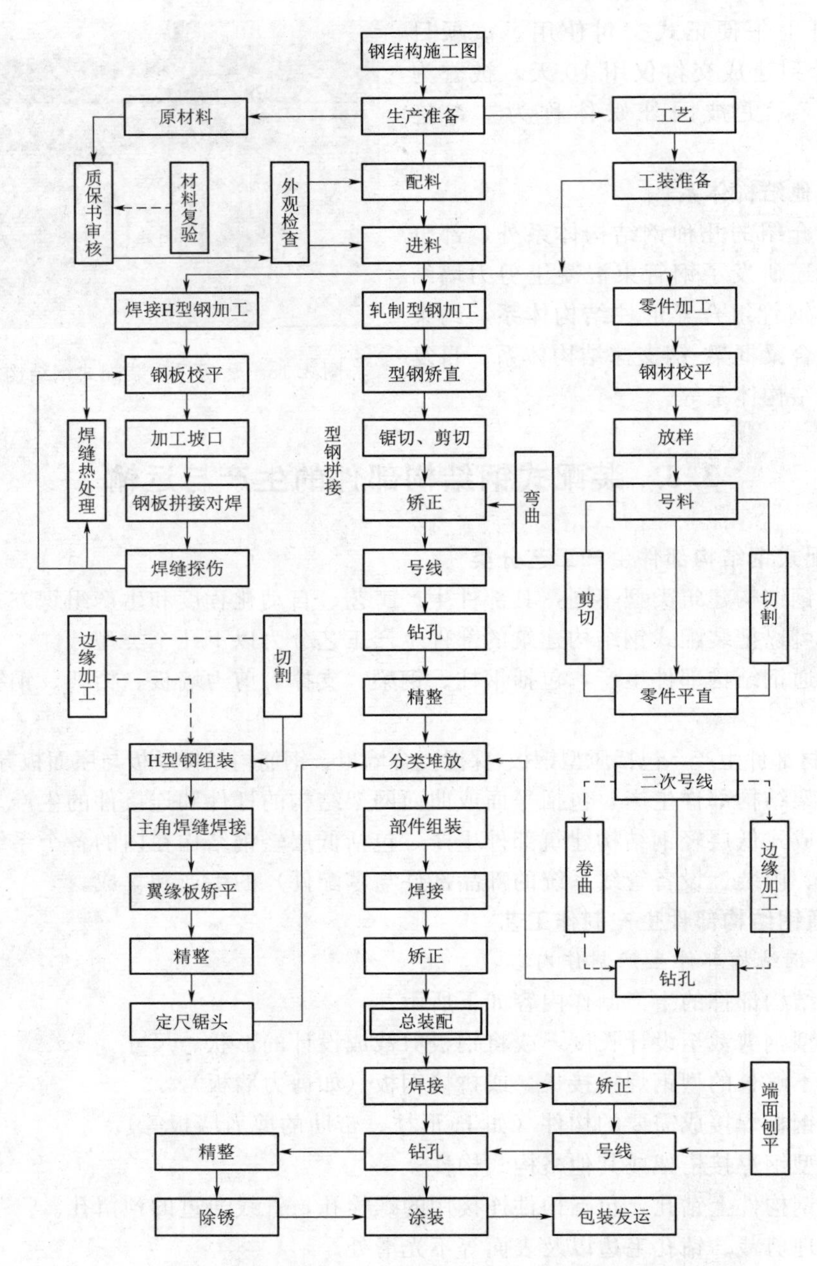

图 3.19 普通钢结构部件生产制作工艺流程图

表 3.1 **普通钢结构构件制作主要设备及用途**

序号	设备名称	用途	序号	设备名称	用途
1	数控火焰切割机	钢板切割	5	液压翻转支架	翻转
2	H 型钢矫正机	矫正	6	重型输送辊道	运输
3	龙门式（双臂式）焊接机	焊接	7	重型移钢机	移动
4	H 型钢抛丸清理机	除锈			

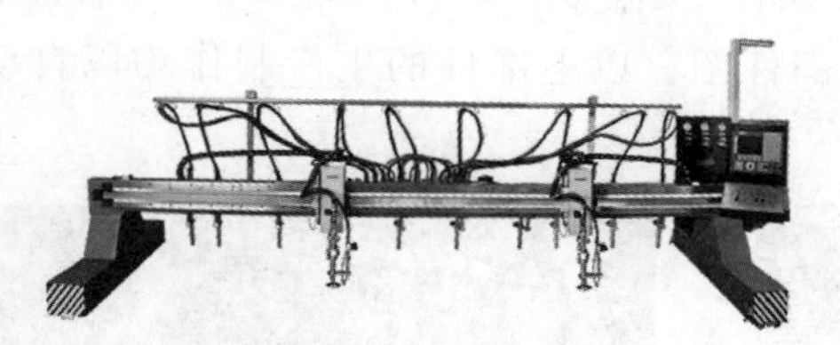

图 3.20 数控火焰切割机

图 3.21 H 型钢矫正机

图 3.22 龙门式（双臂式）焊接机

图 3.23 H 型钢抛丸清理机

图 3.24 液压翻转支架

图 3.25 重型输送辊道

图 3.26 重型移钢机

图 3.27 H 型钢重钢生产线

3.3.3　其他钢结构部件的生产制作工艺

1. 板材部件

图 3.28、图 3.29 分别为压型钢板及压型钢板-保温复合墙板。图 3.30 所示为钢筋桁架楼承板部件。图 3.31 所示为金属板材屋面部件图。以上部件的生产制作均以自动化生产设备为主，人工为辅。

图 3.28　压型钢板

图 3.29　压型钢板-保温复合墙板

图 3.30　钢筋桁架楼承板部件

图 3.31　金属板材屋面部件

2. 网架结构部件生产制作工艺

网架结构部件主要包括钢球、钢管及高强螺栓等，生产制作工艺原理与普通钢结构部件基本一样，但尺寸要求精度更高一些。其中，钢球的生产制作工艺为：圆钢下料—钢球初压—球体锻造—工艺孔加工—螺栓孔加工—标记—除锈—油漆涂装。

3. 集成式低层轻钢结构建筑部件

集成式低层轻钢结构建筑（主要是轻钢结构别墅）部件生产制作工艺的自动化程度非常高，从型钢剪裁、焊接连接到镀层全部在自动化生产线上进行，如图 3.32 所示。

3.3.4　钢结构部件的制作质量控制要点

钢结构部件的制作质量控制要点包括几点：

（1）对钢材、焊接材料等原材料进行检查验收。

（2）控制剪裁、加工精度、构件尺寸误差在允许范围内。

（3）对构件变形进行矫正。

（4）焊接质量控制。

（5）控制孔眼位置与尺寸误差在允许范围内。

（6）除锈质量控制。

（7）保证防腐涂层的厚度与均匀度。

（8）第一个构件检查验收合格后，生产线才能开始批量生产。

（9）搬运、堆放和运输环节防止磕碰等。

图 3.32 集成式低层轻钢结构部件生产线

3.3.5 钢结构部件的成品保护要点

钢结构部件出厂后在堆放、运输、吊装时需要做好成品保护，保护措施如下：

（1）部件出厂前应进行包装，保障部件在运输及堆放过程中不破损、不变形。

（2）在装卸及运输时，应采取防止部件损坏的措施，对部件边角部位或链锁接触处宜设置保护衬垫。

（3）部件堆放好后，应在其四周放置警示标志，避免现场其他吊装作业时碰伤成品部件。

（4）在安装部件时，应避免碰撞、重击，减少现场辅助措施的焊接量，尽量采用捆绑、抱箍等临时措施。

3.3.6 钢结构部件的运输、堆放要点

（1）对超高、超宽、形状特殊的大型部件的运输（图 3.33）和堆放应制定专门的方案。

（2）选用的运输车辆应满足部件的尺寸、重量等要求，装卸时应采取保证车体平衡的措施，运输时应采取防止构件移动、倾倒、变形等的固定措施。

（3）部件堆放场地应平整、坚实（图 3.34），并按部件的保管技术要求采用相应的防雨、防潮、防暴晒、防污染和排水等措施。

（4）部件堆放支垫应坚实，垫块在部件下的位置宜与脱模、吊装时的起吊位置一致，当重叠堆放时，每层部件间的垫块应上下对齐，并应根据需要采取防止堆垛倾覆的措施。

（5）当采用靠放架堆放或运输时，宜采取直立方式运输，靠放架应具有足够的承载力和刚度，与地面倾斜角度宜大于 80°，墙板宜对称放置且外饰面朝外，墙板上部宜采用木垫块隔开，运输时应固定牢固。

（6）采用叠层平放的方式堆放或运输时，应采取防止损坏的措施。

图 3.33 超长钢结构部件运输

图 3.34 钢结构部件堆放

3.4 装配式钢结构建筑施工安装与验收

3.4.1 装配式钢结构建筑施工安装流程

装配式钢结构建筑施工安装的内容包括：基础施工、钢结构主体结构安装、外围护结构安装、设备管线系统安装、集成式部品安装以及内装修等。不同类型的钢结构建筑其施工安装流程有所不同，现简介如下。

1. 钢框架-支撑结构体系建筑施工安装流程

钢框架-支撑结构体系建筑施工安装流程为：基础混凝土施工（预埋件埋设）—钢柱安装—柱间支撑安装—梁安装—楼板临时支撑架设—楼板安装与混凝土浇筑—现场焊接节点防腐处理—涂刷防火涂料或被覆—外围护部件安装—大型集成式部品就位—外门窗安装—设备管线系统安装—内装修。

2. 门式刚架工业厂房施工安装流程

门式刚架工业厂房施工安装流程为：基础混凝土施工（预埋件埋设）—钢柱安装—柱间支撑安装—墙梁安装—屋面钢梁安装—屋面水平支撑安装—防火涂料—墙板安装—屋面板安装—门窗安装。

3. 集成式低层钢结构别墅施工安装流程

集成式低层钢结构别墅施工安装流程为：基础混凝土施工（预埋件埋设）—钢结构龙骨安装—钢结构集成部件安装—墙体系统安装—外门窗安装—集成式卫生间、厨房、整体收纳安装—设备管线系统安装—楼板安装—屋顶系统安装—内装修。

3.4.2 装配式钢结构建筑施工安装技术要点

1. 施工现场临时存放支撑

施工现场临时存放的钢结构部品部件应配置支撑，支撑方式、支撑点位置的设计应确保构件不会出现变形。

2. 基础施工

钢结构建筑的基础施工时，基础安装预埋件的准确定位是控制要点，应采用定位模板确保预埋件的位置在允许误差以内。图 3.35 是某钢结构建筑基础预埋螺栓。

3. 起重设备

从经济性及适用性方面考虑，厂房和低层建筑一般选用轮式起重机，高层建筑一般选用塔式起重机，多层建筑根据现场实际情况选用。

工程现场选用起重机时除了考虑钢结构构件重量、高度外，还应考虑其他部品部件的重量、尺寸及形状，例如外围护预制混凝土墙板可能会比钢结构构件重量更大。

钢结构建筑部件较多，选用起重设备的数量一般要比混凝土结构工程多。图 3.36 为钢结构建筑施工现场配备塔式起重机。

4. 吊具与吊点

在选用吊具对钢结构部件或其他系统部品部件进行吊装时，应校核吊具承载力，并进行吊点设计与复核。

例如：钢柱的吊点设置在柱顶耳板处，吊点处使用板带绑扎出吊环，然后与吊机的钢丝绳吊索连接。重量大的柱子一般设置 4 个吊点，断面小的柱子可设置 2 个吊点。图 3.37 所示为施工现场吊装钢柱。

图 3.35 钢结构建筑基础预埋螺栓

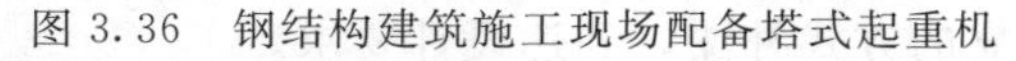

图 3.36 钢结构建筑施工现场配备塔式起重机

图 3.37 施工现场吊装钢柱

钢梁边缘吊点距离梁端的长度不宜大于梁长的 1/4，吊点处使用板带绑扎出吊环，然后与吊机的钢丝绳吊索连接。长度较大的钢梁宜设置 4 个吊点（图 3.38），长度较小的钢梁可设置 2 个吊点（图 3.39）。

5. 临时支撑与临时固定

钢结构的竖向构件以及组合楼板在安装后都需要设置临时支撑（图 3.40），所以须对临时支撑进行设计。此外，有的构件安装过程中需采取临时固定措施，例如钢梁吊装安装后需等水平支撑安装固定后再最终固定，所以需要进行临时焊接固定（图 3.41）。

图 3.38 钢梁吊装——4 吊点

图 3.39 钢梁吊装——2 吊点

图 3.40 钢柱临时支撑

图 3.41 钢梁临时焊接固定

3.4.3 装配式钢结构建筑施工安装质量控制要点

装配式钢结构建筑施工安装质量控制要点包括以下几点：

(1) 装配式钢结构建筑施工单位应建立完善的安全、质量、环境和职业健康管理体系。

(2) 基础混凝土预埋安装螺栓锚固可靠，位置准确，安装时基础混凝土强度达到了允许安装的设计强度。

(3) 保证构件安装标高精度、竖直构件（柱、板）的垂直度和水平构件的平整度符合设计和规范要求。

(4) 锚栓连接紧固牢固，焊接连接按照设计要求施工。

(5) 运输、安装过程的涂层损坏采用可靠的方式补漆，到达设计要求。

(6) 焊接点防腐涂层补漆，达到设计要求。

(7) 防火涂料或喷涂符合设计要求。

(8) 设备管线系统和内装系统施工应避免破坏防腐防火涂层等。

3.4.4 装配式钢结构建筑质量验收

装配式钢结构建筑质量验收包括部品部件进场验收、结构系统验收、外围护系统验收、设备与管线系统验收、内装系统验收以及竣工验收。本小节主要介绍部品部件进场验收、结构系统验收及竣工验收，其他系统验收可查阅《装配式钢结构建筑技术标准》(GB/T 51232—2016)。

1. 部品部件进场验收

同一厂家生产的同批材料、部品，用于同期施工且属于同一工程项目的多个单位工程，可合并进行进场验收。部品部件应符合国家现行有关标准的规定，并应具有产品标准、出厂检验合格证、质量保证书和使用说明文件书。

许多钢结构部品部件尺寸较大，验收项目较多，进场后在工地现场没有条件从容进行验收时，可考虑主要项目在工厂出厂前验收，进场验收主要进行外观验收和交付资料验收。

2. 结构系统验收

钢结构建筑结构工程可按楼层或施工段等划分为一个或若干个检验批。地下钢结构可按不同地下层划分检验批。钢结构建筑的结构工程安装检验批应在进场验收和焊接连接、紧固件连接、制作等分项工程验收合格的基础上进行验收。

钢结构建筑的结构系统验收项目主要包括以下几点：

(1) 钢结构、组合结构工程施工质量验收。

(2) 钢结构主体工程焊接工程验收。

(3) 钢结构主体工程紧固件连接工程验收。

(4) 钢结构防腐蚀涂装工程验收。

(5) 钢结构防火涂料的黏结强度、抗压强度验收。

(6) 装配式钢结构建筑的楼板及屋面板验收。

(7) 钢楼梯验收。

3. 竣工验收

(1) 钢结构建筑单位（子单位）工程质量验收合格应符合下列规定：

1) 所含分部（子分部）工程的质量均应验收合格。

2) 质量控制资料应完整。

3) 所含分部工程中有关安全、节能、环境保护和主要使用功能的检验资料应完整。

4) 主要使用功能的抽查结果应符合相关专业验收规范的规定。

5) 观感质量应符合要求。

(2) 竣工验收的步骤可按验前准备、竣工预验收和正式验收三个环节进行。

(3) 施工单位应在交付使用前与建设单位签署质量保修书，并提供使用、保养、维护说明书。

(4) 建设单位应当在竣工验收合格后，按《建设工程质量管理条例》的规定向备案机关备案，并提供相应的文件。

图 3.42 为某钢结构现场进行焊缝超声检测。图 3.43 为某钢结构建筑竣工验收现场。

图 3.42 钢结构现场焊缝超声检测

图 3.43 钢结构建筑竣工验收现场

3.5　装配式钢结构建筑国内外发展现状

3.5.1　装配式钢结构建筑国外发展现状

1. 日本

以1868年建设“铁桥”为开端，日本装配式钢结构已经成为轨道等基础设施中不可缺少的存在。此后，日本各地诞生了众多的钢铁厂，钢铁技术逐步推广。随着战后日本复兴开始，对钢铁的需求迅速扩大。在经济高速增长、东京奥运会等积极因素的刺激下，相继建成了东京塔（图3.44）、首都高速公路、琵琶湖大桥等著名的钢结构建筑物。

图3.44　东京塔

钢结构本身具有较强的抗震性能，在此基础上，日本受1978年宫城县近海地震的启示，开始实施新的抗震设计法，进一步发挥出钢结构的作用。随后，在基于土地神话的泡沫经济期，各地相继竣工了大量高层建筑。1990年的钢骨加工量达到1200万t以上，迎来了最高峰，钢材领域也迅速开始着手提高抗震性的研究。当时，各种符合新抗震设计法要求的钢材被开发出来。不会损坏的主体结构与高强度的设计理念结合而开发出的钢材包括SN钢材、建筑结构用冷成型方钢管（Column、BCR、BCP等）、高强钢（590MPa）、TMCP钢、建筑结构用低屈服点钢等。

在日本金融危机后的2009财年，钢骨的需求降至峰值（1990年）的1/3，仅为400万t/a，大量企业从钢结构事业中退出。当时，不仅从事抗震技术的人员减少，随着需求见顶，从事建筑业的人员也有减少的趋势，但在提高抗震性、工程省力化、短工期、结构建筑长寿化、基础设施强化、减排CO_2等方面均存在着需求。钢铁生产及二次加工企业相继开发了与钢材自身条件相对应的施工方法。另外，尽管日本有媒体报道称在各次海啸中钢结构建筑也和其他材料同样出现了位移、冲毁、翻倒等损坏形态，但更多报告表明，当海啸袭来时，外装材料破损、冲毁后，作为结构体的钢骨结构却得以保存下来。

截至2019年，日本的装配式钢结构动工面积占总使用面积的30%～40%，远远超过其他国家钢结构所占比例。装配式钢结构不仅被应用于大型项目中，5层以下的低层建筑物按开工的使用面积计算，超过总体的90%左右。图3.45所示为日本装配式钢结构

图3.45　日本装配式钢结构住宅

住宅。

2. 欧美

欧美国家的装配式钢结构企业大多比较小，多数与建筑公司相融合，并成为建筑工程公司的下属子公司。欧洲国家如英、法、德等国的装配式钢结构产业化体系相对成熟，钢结构加工精度较高，标准化部品齐全，配套技术和产品较为成熟。欧美国家装配式钢结构主要应用领域包括工业单体建筑、商业办公楼、多层公寓、户外停车场等。

美国在20世纪90年代住宅采用装配式钢结构的约为5%，截至2021年已超过40%。美国多层酒店、公寓采用轻钢结构的较多，多层轻钢结构建筑技术是集轻钢结构、建筑节能、建筑防火、建筑隔声、新型材料、建筑设计及施工于一体的集成化综合技术。图3.46所示的美国纽约帝国大厦曾为世界第一高大楼和纽约市的标志性建筑，是世界七大工程奇迹之一，它正是典型的装配式钢结构建筑。

图3.46 美国纽约帝国大厦

芬兰的装配式钢结构建筑目前有两种体系，一种是采用Termo龙骨的轻钢龙骨结构体系，另一种是普通钢框架体系。Termo轻钢龙骨结构体系以热镀锌薄壁钢板制作龙骨，由于框架隔热性能的提高可以大大降低能源消耗，高纬度的北欧其他国家也采用类似的结构体系，这种体系一般用于独立式住宅。

意大利BSAIS工业化建筑体系是新意大利钢铁公司和热那亚大学合作研究设计的新型房屋建筑体系，该建筑体系的柱子采用H型钢，主梁采用大断面冷弯型钢，支撑采用角钢，梁柱通过高强螺栓连接，楼板为带凹痕的压型钢板。这种建筑结构体系造型新颖、结构受力合理、抗震性能好、施工速度快、居住办公舒适方便，采用CAD计算机辅助设计和CAM计算机辅助制造，在欧洲、非洲、中东等地区被大量推广应用。

其他欧美国家的装配式钢结构建筑也较为成熟。法国的装配式钢结构预制体系的使用已经历了130余年的发展历程，构造体系以装配式钢框架结构体系为主（装配率达到80%），以焊接、螺栓连接等干法作业为主，生产和施工质量高。德国主要采用叠合板剪力墙结构体系，现已发展成系列化、标准化的高质量、节能的装配式钢结构住宅生产体系。

3.5.2 装配式钢结构建筑国内发展现状

1. 我国装配式钢结构建筑发展现状

(1) 我国钢铁行业发展现状。我国钢铁行业发展可以分为新中国成立后到20世纪80年代的短缺时期、20世纪90年代到2012年的迅速崛起时期以及2013年至今的产能过剩时期。就目前而言，从2013年以来的钢铁产量过剩体现在利用率下降和钢材价格回落。近几年，钢铁行情逐步趋于平稳，2018年我国钢材产量达110551.6万t，增长8.5%，2019年1—5月份全国钢材产量达48036.4万t，同比增长11.2%。

当然分行业来看，2018年我国建筑业对钢材的需求量最大，达3.88亿t，同比增长

0.3%，机械行业的需求量1.38亿t，同比增长1.5%，汽车、能源、造船、家电、铁道等的需求量不及建筑业与机械行业，同比增长分别在3%左右。

（2）我国装配式钢结构建筑发展现状。在公共建筑方面，从改革开放以来，我国装配式钢结构有了前所未有的发展，钢结构建筑蓬勃发展，从传统的厂房和多层房屋，扩展应用至超高层建筑、大跨度会展中心、体育场馆、大型交通建筑等。据统计，截至2019年底在建和已建成的200m以上钢结构超高层建筑已达千余座，我国装配式钢结构公共建筑正在向着更高、更广、更轻的方向发展。图3.47所示为建于2016年的上海中心大厦，高632m；图3.48所示为建于2008年的大跨度场馆建筑——国家体育馆（鸟巢）。

图3.47 上海中心大厦

图3.48 国家体育馆（鸟巢）

在住宅方面，装配式钢结构的发展就十分缓慢，我国最早的装配式钢结构住宅是1994年建于上海北蔡的8层钢结构住宅，其后20余年内建成的钢结构住宅数量与钢结构公共建筑的数量相去甚远，目前占比不足1%。近年来，我国在北京、鞍山、上海、天津、广州和深圳等地开展了钢结构住宅的设计研究和工程实践工作，相继建成一批多高层钢结构住宅的试点工程，如上海中福城、北京晨光家园（图3.49）、亦庄青年公寓等，都具有典型示范作用。

图3.49 北京晨光家园

我国装配式钢结构建筑的结构体系主要有：钢框架体系、钢框架-支撑体系、筒体结构体系、门式刚架结构体系等。当然，随着技术的不断进步，也会出现更新型的装配式钢结构体系。

2. 我国装配式钢结构建筑发展存在的难点

（1）设计方法不足，专业人员短缺。在建筑结构种类的选取、材料的定型、设计技术的支持等方面装配式钢结构建筑与传统方式建造的建筑相比有着较大的差异。装配式建筑始终与模块化、标准化、工业化紧密相连，只有实现建筑构件的标准化及模数化设计才能最大程度的实现构件的工厂预制量，目前我国装配式钢结构建筑对于专业人才需求较大，但从事装配式建筑的人员却较少，在一定程度上牵制了其发展。

（2）装配式钢结构建筑产业体系不够完善。包括装配式钢结构在内的装配式结构建筑需要不同系统之间相互融合集成。尽管目前建筑信息模型技术（BIM）已经在国内得到一定规模的应用，建筑信息模型技术可以把装配式建筑的设计、构件的预制及施工组装集合在一起，能很好地实现装配式建筑全过程的一体化集成，但对多系统的整合及建筑信息模型技术普及推广需要一定的时间。

(3) 装配式钢结构对技术要求苛刻。装配式钢结构建筑在抗风压、抗变形位移、主体结构间的连接、楼板与竖向支撑柱的连接及支撑等方面行业要求极为严苛，对建筑自身结构在建筑的防火、材料的防腐、围护结构的隔声保温以及整体的舒适度等方面要求也非常严苛。

3. 我国装配式钢结构建筑发展展望

(1) 加强从业人员的技术培训。我国现阶段国内设计单位具有装配式钢结构建筑设计研发的比较少，大都以传统的手法来设计，对于装配式钢结构建筑标准化和模数化的设计方法普及推广不够。装配式钢结构建筑行业应该加强对相关从业人员在设计、施工等方面的培训，从而更快更好地促进其稳步发展。

(2) 加强 BIM 在装配式钢结构建筑领域的应用。建筑信息模型（BIM）是在数字技术的基础上集成了建筑工程项目各种相关的数字信息的工程数据模型。BIM 技术可以为装配式钢结构建筑产业提供可靠的信息共享的平台，对于建筑的预制构件可以实现设计、生产、施工三者信息合一，从而更好地推广和发展装配式钢结构建筑。

(3) 政府增强对装配式钢结构建筑的推进。建筑业的发展离不开国家和政府的大力支持和政策福利，装配式钢结构建筑行业的发展应该得到国家和地方政府的激励和扶持，对已经完成的案例进行宣传和技术推广，政府也应该加大科技研发投入，鼓励相关单位就装配式钢结构建筑及相关技术进行深入研究。

3.6 装配式钢结构建筑案例

1. 美国纽约世贸大厦

美国纽约世贸大厦（图 3.50）是由 5 幢建筑物组成的综合体，其中主楼呈双塔形，地下 6 层，地上 110 层，高度 411m，标准层平面尺寸 63.5m×63.5m，内筒尺寸 24m×42m。

世贸大厦姊妹塔楼为超高层钢结构建筑，采用“外筒结构”体系，外筒承担全部水平荷载，内筒只承担竖向荷载。外筒由密柱深梁构成，每一外墙上有 59 根箱型截面柱，柱距 1.02m，裙梁截面高度 1.32m。外筒柱在标高 12m 以上的截面尺寸均为 450mm×450mm，钢板厚度随高度逐渐变薄，由 12.5mm 减至 7.5mm。在标高 12m 以下为满足使用要求需加大柱距，故将三柱合一，柱距扩为 3.06m，截面尺寸为 800mm×800mm。楼面结构采用格架式梁，由主次梁组成，主梁间距为 2.04m。楼板为压型钢板组合楼板，上浇 100mm 厚轻混凝土。一幢楼的总用钢量为 78000t，单位用钢量为 186.6kg/m^2，大楼建成后在风荷载作用下，实测最大位移为 280mm。

2. 青岛世园会植物园

青岛世园会植物园（图 3.51）的地下部分为混凝土结构，其上为大跨度空间结构，总建筑面积达 2.3 万 m^2，是亚洲最大的钢结构植物园。

图 3.50 美国纽约世贸大厦

图 3.51 青岛世园会植物园

植物园共设置4个展区，4个展区分别对应4个钢结构单体，每个单体结构形式相同。植物园主要受力构件为拱形倒三角管桁架，桁架之间采用单层网壳及次桁架连接，从而形成一个稳定的空间结构受力体系。钢结构轮廓长度193m，宽度118m，主桁架最大跨度近70m。构件均采用圆管截面，杆件之间通过相贯焊缝连接在一起。主桁架均为落地桁架，桁架端部柱脚与混凝土之间用铰支座连接，保证了结构受力的可靠性与稳定性。

3. 天津市赛达工业园白领公寓

天津市赛达工业园白领公寓（图3.52）按照天津市保障房标准设计，高6层，建筑面积6000 m^2，户型南北通透、明厨明卫。1号楼采用传统钢筋混凝土结构，2号楼采用装配式钢结构。通过数据对比，2号楼比1号楼工时工效提升42%，得房率提高6%，建筑垃圾减少70%，综合造价基本持平。

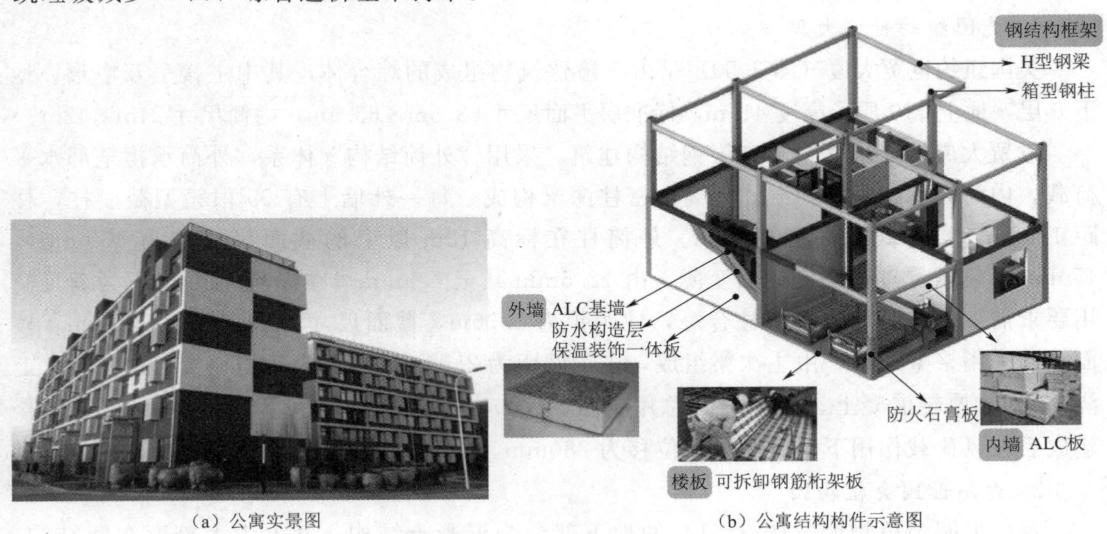

(a) 公寓实景图

(b) 公寓结构构件示意图

图 3.52 天津市赛达工业园白领公寓

公寓主体结构采用箱型钢柱、H 型钢梁，外墙采用 ALC 条板基墙+保温装饰一体板，内墙采用 ALC 条板，楼板采用可拆卸钢筋桁架组合楼板。在防火构造上，采用喷涂法和包封法双重防护，将防火涂料直接喷涂在钢构件表面，外部采用岩棉和防火石膏板或 ALC 板将钢构件包覆。

课 外 资 源

资源 3.1 装配式钢结构案例

资源 3.2：轻钢结构别墅介绍

资源 3.3 装配式钢结构建筑类型介绍

课 后 练 习 题

（1）什么是装配式钢结构建筑？其主要特点有哪些？

（2）装配式钢结构建筑的类型主要有哪些？

（3）请简述普通钢结构部件的生产制作工艺流程。

（4）简述钢结构部件成品保护的要点有哪些。

（5）简述钢结构部件运输、堆放的要点有哪些。

（6）装配式钢结构建筑的施工安装质量控制要点有哪些？

（7）通过查阅课外资料，你认为制约我国装配式钢结构建筑发展的原因还有哪些？相对应的措施有哪些？

第4章　装配式混凝土结构建筑

学习目标

（1）掌握装配式混凝土结构相关概念及特点。

（2）掌握装配式混凝土结构建筑类型。

（3）了解装配式混凝土结构建筑设计原则及内容。

（4）了解装配式混凝土结构建筑结构设计原则及内容。

4.1　装配式混凝土结构建筑相关概念及特点

4.1.1　装配式混凝土结构建筑相关概念

1. 装配式混凝土结构建筑

装配式混凝土结构建筑是指以工厂化生产的混凝土预制构件为主，通过现场装配的方式设计建造的混凝土结构类型房屋建筑。在现行国家标准《装配式混凝土建筑技术标准》（GB/T 51231—2016）中对装配式混凝土建筑的定义为：建筑的结构系统由混凝土部件（预制构件）构成的装配式建筑。

装配式混凝土结构建筑的预制部件在工厂生产，故可大大提高构件质量。此外，装配式混凝土结构建筑能缩短工期、节约能源、减少消耗，实现清洁生产，所以是日本以及欧美等发达国家地区实现建筑工业化的一种最重要的方式。在我国，随着经济的快速发展以及人们对居住条件的日益提高，装配式混凝土结构建筑将迎来大跨步发展。

2. 预制装配式和装配整体式

（1）预制装配式。预制装配式是指构件在工厂或预制厂制作完毕，然后在施工现场主要通过干法连接（螺栓连接或焊接）装配而成的建筑。预制装配式建筑能缩短工期、改善施工条件、节省模板，但也有整体性和抗侧向作用能力较差的缺点，因此适用于低层或多层建筑。

（2）装配整体式。装配整体式是指预制构件在工厂或预制厂生产完毕后在施工现场通过可靠的方式进行连接，并与现场后浇混凝土、水泥基灌浆料形成整体的装配式结构，即以“湿连接”为构件装配的主要方式。装配整体式建筑与预制装配式建筑相比，具有较好的整体性和抗震性，因此适用于大部分多层和全部的高层装配式混凝土建筑。

3. 预制率和装配率

在装配式建筑的装配化程度评价中，常见的指标为预制率和装配率，两者是不同的概念。

（1）预制率。预制率是指单位建筑±0.000标高以上，结构构件采用预制混凝土构件的混凝土用量占全部混凝土用量的体积比。目前在最新的国家规范《装配式建筑评价标准》(GB/T 51129—2017)中已取消这个概念，故在此不作详细介绍。

(2)装配率。装配率是指单位建筑±0.000标高以上，围护和分隔墙体，装修与设备管线采用预制部品部件的综合比例，按以下公式计算：

$$装配率\ P=\frac{Q_1+Q_2+Q_3}{100-Q_4}\times 100\% \tag{4.1}$$

式中 Q_1——主体结构指标实际得分值；

Q_2——围护墙和内隔墙指标实际得分值；

Q_3——装修和设备管线指标实际得分值；

Q_4——评价项目中缺少的评价项分值总和。

表4.1　装配式建筑评分表

评价项		评价要求	评价分值	最低分值
主体结构(50分)	柱、支撑、承重墙、延性墙板等竖向构件	35%≤比例≤80%	20～30*	20
	梁、板、楼梯、阳台、空调板等构件	70%≤比例≤80%	10～20*	
围护墙和内隔墙(20分)	非承重围护墙非砌筑	比例≥80%	5	10
	围护墙与保温、隔热、装饰一体化	50%≤比例≤80%	2～5*	
	内隔墙非砌筑	比例≥50%	5	
	内隔墙与管线、装修一体化	50%≤比例≤80%	2～5*	
装修和设备管线(30分)	全装修	—	6	6
	干式工法楼面、地面	比例≥70%	6	—
	集成厨房	70%≤比例≤90%	3～6*	
	集成卫生间	70%≤比例≤90%	3～6*	
	管线分离	50%≤比例≤70%	4～6*	

注　表中带“*”项的分值采用“内插法”计算，计算结果取小数点后1位。

其中，Q_1、Q_2、Q_3的值参考表4.1进行查询计算，表中各项目的“比例”数值的详细计算方法参见国家现行标准《装配式建筑评价标准》(GB/T 51129—2017)。

Q_4是指单位建筑中缺少的评价内容的分值总和，即建筑不存在的功能，而非没做装配式的部分。例如：学校教学楼中无厨房这种建筑功能，则$Q_4=6$。

当装配式建筑同时满足主体结构部分的评价分值不低于20分，围护墙和内隔墙部分的评价分值不低于10分，采用全装修，装配率不低于10%，并且主体结构竖向构件中预制部品部件的应用比例不低于35%时，可按以下规定确定装配式建筑评价等级：

(1)装配率为60%～75%时，评价为A级装配式建筑。

(2)装配率为76%～90%时，评价为AA级装配式建筑。

(3)装配率为91%及以上时，评价为AAA级装配式建筑。

4.1.2 装配式混凝土结构建筑综合效益分析

装配式混凝土建筑目前在我国尚处于大力推广阶段，对于这种新型的建造方式，部分工程人员尚存疑虑，不确定它与现浇混凝土结构相比究竟是否存在优势。住房和城乡建设部科技与产业化发展中心的王广明、刘美霞研究员针对装配式混凝土建筑的综合效益进行了全面的分析研究，我们不妨来看一下。

1. 建造阶段资源能源消耗对比

选取建造过程的核心环节进行数据采集，主要包括传统现浇建造方式的施工现场、装配式建造方式的施工现场、预制构件厂3个监测点，通过对典型案例进行数据调研，并按照钢材、混凝土、木材、保温材料、水泥砂浆、水资源、能源、建筑垃圾等方面分项统计，结果及分析如下。

(1) 钢材消耗。由于不同建筑高度和设计方案导致的钢筋消耗量差异会对两种建造方式的钢材消耗量对比产生较大干扰，因此，本部分仅选取相同建筑高度和设计方案的某项目进行对比，见表4.2所示。

表4.2　两种建造方式的单位面积钢筋消耗量对比表

传统现浇式钢筋消耗量/(kg/m²)	预制装配式钢筋消耗量/(kg/m²)	节省钢筋消耗量/(kg/m²)	节省率/%
56.90	58.30	−1.40	−2.46

由表4.2可以看出，装配式建造方式相比传统现浇方式单位面积钢筋用量增加了2.46%。增加的部分包括4个方面：一是由于使用叠合楼板，较现浇楼板增加了桁架钢筋；二是由于本项目采用三明治外墙板，比传统住宅外墙增加了50mm的混凝土保护层，进而增加了这部分的钢筋用量；三是预制构件在制作和安装过程中需要大量的钢制预埋件，增加了部分钢材用量；四是由于目前装配式建筑在我国仍处于前期探索阶段，部分项目考虑到建筑的安全与可靠，在一些节点的设计上偏于保守，导致配筋增加。

减少的部分包括两方面：一是预制构件的工厂化生产大大降低了钢材损耗率，提高了钢材的利用率，以本项目为例，钢材损耗率降低了48.8%；二是预制构件的工厂化生产减少了现场施工的马凳筋等措施钢筋。

(2) 混凝土消耗。由于不同建筑高度和设计方案导致的混凝土消耗量差异会对两种建造方式的混凝土消耗量对比产生较大干扰，因此，本部分仅选取相同建筑高度和设计方案的某项目进行对比，见表4.3。

表4.3　两种建造方式的单位面积混凝土消耗量对比表

传统现浇式混凝土消耗量/(m³/m²)	预制装配式混凝土消耗量/(m³/m²)	节省混凝土消耗量/(m³/m²)	节省率/%
0.4667	0.4775	−0.0108	−2.31

由表4.3可以看出，装配式建造方式相比传统现浇方式单位面积混凝土消耗量增加2.31%。增加的部分包括两方面：一是由于使用叠合楼板增加了楼板厚度导致混凝土消耗量增加，现浇楼板厚度一般为100～120mm，而叠合楼板做法一般为130～140mm（预制部分一般为60mm，现浇部分一般为70mm以上）；二是部分项目的预制外墙采用夹芯保温，根据设计要求，比传统住宅外墙增加了50mm的混凝土保护层，而在传统住宅中，外墙外保温一般采用10mm砂浆保护层。减少的部分在于预制构件厂对混凝土的高效利用，避免了以往在现场施工时受施工条件等原因造成的浪费，提高了材料的使用效率，以

本项目为例，混凝土的损耗率降低了60%。

(3) 木材消耗。两种建造方式的单位面积木材消耗量对比见表4.4。装配式建造方式相比传统现浇方式单位面积节约木材59.30%，优势明显。主要是因为其预制构件在生产过程中采用周转次数高的钢模板替代木模板，同时叠合板等预制构件在现场施工过程中也可以起到模板的作用，减少了施工中木模板的需求。

表4.4 两种建造方式的单位面积木材消耗量对比表

项目序号	传统现浇式木材消耗量/(m^3/m^2)	预制装配式木材消耗量/(m^3/m^2)	节省木材消耗量/(m^3/m^2)	节省率%
1	0.0076	0.0037	0.0039	51.45
2	0.1422	0.0665	0.0757	53.23
3	0.2035	0.0594	0.1441	70.81
4	0.1535	0.0594	0.0941	61.29
5	0.0184	0.0143	0.0041	21.39
6	0.0500	0.0237	0.0264	52.75
7	0.1584	0.0704	0.0880	55.56
8	0.0242	0.0105	0.0138	56.82
平均	0.0946	0.0385	0.0560	59.30

(4) 保温材料消耗。由于研究样本中很多对比项目的保温材料的选取不同，比如部分传统现浇项目采用保温砂浆，无法直接与装配式建造方式采用的保温板消耗量对比，因此，本部分选取两组保温材料均为保温板的项目进行对比见表4.5。

表4.5 两种建造方式的单位面积保温材料消耗量对比表

项目序号	传统现浇式（EPS保温板）消耗量/(m^3/m^2)	预制装配式（XPS保温板）消耗量/(m^3/m^2)	节省保温材料消耗量/(m^3/m^2)	节省率/%
1	1.16 (0.58×2)	0.560	0.600	51.72
2	1.38 (0.69×2)	0.663	0.717	51.96
平均	1.27	0.612	0.659	51.85

装配式建造方式相比传统现浇方式单位面积保温材料消耗量节约51.85%。一方面由于材料保护不到位、竖向施工操作面复杂以及工人的操作水平和环保意识较低，导致现浇住宅在现场施工过程中保温板的废弃量较大。另一方面，本部分计算过程中取现浇住宅保温材料用量的两倍与装配式住宅保温工程量进行对比。原因包括：一是目前装配式混凝土建筑采用的外墙夹心保温寿命可实现与结构设计50年使用寿命相同，而现浇住宅外墙外保温的设计使用年限只有25年；二是预制三明治外墙板常用挤塑聚苯板（XPS），传统现浇建造方式常用膨胀聚苯板（EPS），而XPS的导热系数小于EPS。以北京为例从节能计算上推算满足同样的节能设计要求XPS的用量要少于EPS的用量，但因XPS有最小构造要求，导致两者的实际用量差异不大，而预制三明治外墙板的保温效果较普通外保温有所提高。

(5) 水泥砂浆消耗。两种建造方式的水泥砂浆消耗对比见表4.6。装配式建造方式相比传统现浇方式单位面积水泥砂浆消耗量减少55.03%。原因包括：一是外墙粘贴保温板的方式不同，装配式建造方式的预制墙体采用夹心保温，保温板在预制构件厂内同结构浇筑在一起，不需要使用砂浆及黏结类材料；二是预制构件无须抹灰，减少了大量传统现浇方式的墙体抹灰量。

表4.6　两种建造方式的单位面积水泥砂浆消耗量对比表

项目序号	传统现浇式/(m^3/m^2)	预制装配式/(m^3/m^2)	节省量/(m^3/m^2)	节省率/%
1	0.0692	0.029	0.0402	58.09
2	0.1070	0.056	0.0510	47.66
3	0.0500	0.019	0.0310	62.00
4	0.0296	0.009	0.0206	69.59
5	0.0910	0.056	0.0350	38.46
6	0.0630	0.004	0.0230	36.51
7	0.0368	0.003	0.0338	91.85
8	0.0860	0.027	0.0590	68.60
平均	0.0666	0.030	0.0366	55.13

(6) 水资源消耗。两种建造方式的水资源消耗对比见表4.7。装配式建造方式相比传统现浇方式单位面积水资源消耗量减少24.28%。原因主要是3方面：一是由于构件厂在生产预制构件时采用蒸汽养护，养护用水可循环使用，并且养护时间和输气量可以根据构件的强度变化进行科学计算和严格控制，大大减少了构件养护用水；二是由于现场混凝土工程大大减少，进而减少了施工现场冲洗固定泵和搅拌车的用水量；三是施工场地施工人员的减少使得现场生活用水也相应减少。

表4.7　两种建造方式的单位面积水资源消耗量对比表

项目序号	传统现浇式水资源消耗量/(m^3/m^2)	预制装配式水资源消耗量/(m^3/m^2)	节省水资源消耗量/(m^3/m^2)	节省率/%
1	0.070	0.060	0.010	14.29
2	0.103	0.089	0.014	13.59
3	0.096	0.083	0.013	13.54
4	0.078	0.058	0.020	25.64
5	0.081	0.072	0.009	11.11
6	0.093	0.078	0.015	16.13
7	0.076	0.052	0.024	31.58
8	0.080	0.050	0.030	37.50
9	0.090	0.070	0.020	22.22
10	0.110	0.065	0.045	40.91
11	0.070	0.040	0.030	42.86
平均	0.086	0.065	0.021	24.28

(7) 能源消耗。两种建造方式的能源消耗对比见表4.8。装配式建造方式相比传统现浇方式单位面积电力消耗量减少20.45%。原因主要包括4方面：一是现场施工作业减少，混凝土浇捣的振动棒、焊接所需电焊机及塔吊使用频率减少（以塔吊为例，装配式建造方式施工多是大型构件的吊装，而在传统现浇施工过程中通常是将钢筋、混凝土等各类材料分多次吊装）；二是预制外墙若采用夹芯保温，保温板在预制场内同结构浇筑为一体，减少了现场保温施工中的电动吊篮的耗电量；三是装配式建造方式较传统现浇方式相比木模板使用量大大降低，减少了木模加工耗电量；四是由于预制构件的工厂化，减少或避免夜间施工，工地照明电耗减少。

表4.8 两种建造方式的单位面积电力消耗量对比表

项目序号	传统现浇式电力消耗量 /(kW·h/m²)	预制装配式电力消耗量 /(kW·h/m²)	节省电力消耗量 /(kW·h/m²)	节省率 /%
1	6.75	3.20	3.55	52.59
2	7.28	2.32	4.96	68.13
3	10.02	8.25	1.77	17.66
4	17.10	16.01	1.09	6.37
5	4.86	2.26	2.60	53.50
6	6.98	5.88	1.10	15.76
7	3.12	1.60	1.52	48.72
8	3.40	3.60	−0.20	−5.88
9	17.10	15.50	1.60	9.36
10	5.00	4.00	1.00	20.00
11	16.40	15.35	1.05	6.40
平均	8.91	7.09	1.82	20.45

(8) 建筑垃圾排放。两种建造方式的建筑垃圾排放对比见表4.9。装配式建造方式相比传统现浇方式单位面积固体废弃物的排放量降低69.09%，减排优势非常明显。减少的固体废弃物主要包括废砌块、废模板、废弃混凝土、废弃砂浆等。装配式建筑施工现场干净整洁，各项措施完善，管理严格，废弃物的产生量极大减少，同时预制构件厂在构件生产过程中控制严谨、管理规范，混凝土的损耗量很小。

表4.9 两种建造方式的单位面积建筑垃圾排放量对比表

项目序号	传统现浇式垃圾排放量 /(kg/m²)	预制装配式垃圾排放量 /(kg/m²)	减少垃圾排放量 /(kg/m²)	减排率 /%
1	38.9	13.9	25.0	64.27
2	10.0	4.9	5.1	51.00
3	23.0	14.0	9.0	39.13
4	30.0	5.0	25.0	83.33
5	11.0	6.0	5.0	45.45

续表

项目序号	传统现浇式垃圾排放量/(kg/m²)	预制装配式垃圾排放量/(kg/m²)	减少垃圾排放量/(kg/m²)	减排率/%
6	8.5	2.0	6.5	76.47
7	20.0	3.0	17.0	85.00
8	41.0	13.0	28.0	68.29
9	26.0	5.0	21.0	80.77
10	31.0	5.0	26.0	83.87
11	22.0	9.0	13.0	59.09
平均	23.76	7.35	16.42	69.09

2. 建造阶段粉尘和噪声排放对比

为测定装配式建筑施工阶段的空气质量和噪声排放，在同一时间对同一项目内的两栋不同建造方式的建筑进行了数据实测。

（1）施工现场粉尘排放。对施工现场粉尘浓度的监测形式为现场取样和实验室分析，主要检测的空气成分为PM10、PM2.5等，监测结果见表4.10，装配式施工现场的PM2.5和PM10排放较少的。主要原因包括4个方面：一是由于采用预制混凝土构件，减少了建筑材料运输、装卸、堆放等过程中各种车辆行驶产生的扬尘；二是预制墙体无需抹灰，大大减少了土建粉刷等易起灰尘的现场作业；三是减少了模板和砌块等的切割工作，减少了粉尘排放；四是由于现场基本不用脚手架，减少了落地灰的产生。

表4.10 两种建造方式的现场PM2.5和PM10浓度对比表

测试项目/(μg/m³)	传统现浇式	预制装配式
PM2.5	70	57
PM10	89	69

（2）施工现场噪声排放。依据《建筑施工厂界环境噪声排放标准》（GB 12523—2011）和《声环境质量标准》（GB 3096—2008）等标准，选择若干装配式和现浇式项目施工现场的测点对噪声进行检测，经背景噪声修正后的测量结果见表4.11。

表4.11 两种建造方式的现场噪声对比表 单位：dB

测点		12月8日（吊装）		12月11日（综合）		12月13日（浇筑）	
		上午	下午	上午	下午	上午	下午
1	预制装配式	62.4	64.3	65.8	69.6	67.3	64.4
2		57.3	61.1	63.7	60.1	57.0	60.9
3		63.1	66.5	69.7	69.1	68.7	68.9
4		60.3	63.0	61.8	61.7	63.6	61.4
5	传统现浇式	65.4	72.9	66.2	65.2	61.3	65.1
6		68.1	72.1	70.4	81.4	71.1	62.7
7		81.3	82.9	67.4	68.5	63.4	62.4
标准限制		70					

根据监测结果可以看出，装配式施工测点的噪声排放均满足国家标准要求，现浇混凝土施工区域测点中超标的数据较多。在传统施工过程中，采用的大型机械设备较多，产生大量施工噪声，如挖土机、重型卡车的马达声、自卸汽车倾卸块材的碰撞声等，其混合噪声甚至能达到100dB以上。主体工程施工阶段，噪声主要来自切割钢筋时砂轮与钢筋间发出的高频摩擦声，支模、拆模时的撞击声，振捣混凝土时振捣器发出的高频蜂鸣声等。这些噪声的强度大都在80～90dB。相对而言，装配式施工过程缩短了最高分贝噪声的持续时长。由于采用的是工业化方式，构件和部分部品在工厂中预制生产，减少了现场支拆模的大量噪声。同时，预制构件的安装方式减少了钢筋切割的现场工序，避免高频摩擦声的产生。

3. 建造阶段碳排放对比

两种建造方式的碳排放对比见表4.12。装配式建造方式相比传统现浇方式在建造阶段单位面积可减少碳排放27.25kg。根据《中共中央 国务院关于进一步加强城市规划建设管理工作的若干意见》中提出的“力争用10年左右时间，使装配式建筑占新建建筑的比例达到30%”发展目标，按装配式混凝土建筑占新建建筑的比例达到20%计算，到2025年，装配式混凝土建筑在建造阶段可实现碳减排979万t（新建建筑面积按2014年的17.96亿m^2计算，17.96亿m^2×20%×27.25kg/m^2≈979万t），即约353万t标煤，约占“十二五”期末实现建筑节能1.16亿t标准煤任务的3.04%，约占“十二五”期末实现新建建筑节能4500万t标准煤任务的7.84%。

表4.12　两种建造方式的碳排放对比表

项目	节约量	碳排放因子	节碳量/kgCO_2eq
钢材	−2.4kg	2.3kgCO_2eq/kg	−5.29
混凝土	−0.0108m^3	251kgCO_2eq/m^3	−2.71
挤塑聚苯板（XPS）	−0.6115m^3	43.75kg/m^3	−26.75
膨胀聚苯板（EPS）	1.27m^3	27.5kg/m^3	34.93
砂浆	0.0366m^3	469.41kgCO_2eq/m^3	17.18
木材	0.056m^3	146.3kgCO_2eq/m^3	8.19
自来水	0.021m^3	0.2592kgCO_2eq/m^3	0.0054
电力	1.64kWh	1.04kgCO_2eq/kWh	1.70
合计			27.25

4. 经济效益和社会效益分析

（1）经济效益。装配式建筑的发展，需要大量构件厂作为后备支撑。各地通过建设大小构件厂及发展配套产业，形成一条涵盖建筑业、建材业、运输业、制造业等新的经济产业链，从而带动地方经济的发展，逐步实现建筑业“稳增长、调结构”政策的落实。

目前我国处于装配式建筑发展初期，装配式混凝土建筑每平方米造价比传统现浇混凝土建筑高500～800元，主要是由于国内尚未形成构件生产的标准化，因此还无法充分发挥建筑工业化、标准化、批量化生产的价格优势。但今后随着装配式建筑的不断普及，通用产品比例不断提高并形成规模化生产，装配式建筑的造价可与现浇式基本持平。更重要的是，装配式建筑因缩短工期带来的财务成本、人工成本、建设管理成本等将会大幅下降。装配式混凝土建筑的经济效益将会逐步体现。

(2) 社会效益。目前我国建筑工人老龄化的问题已愈加严峻，80后、90后农民工作为劳动市场的主力军，他们大都不愿意在建筑业从事体力活。装配式建筑的工厂化生产模式，将大大改善工人劳动条件，通过培训提高工人技术能力，有助于推动农民工向产业工人转变，提升工人就业的稳定性。此外，将构件生产等环节搬进厂内，减少了施工过程中人为的不安全因素影响，加上构件厂内现代化机械设备的应用，不仅提升生产效率，推动技术进步，更有利于建筑的安全生产。

装配式建筑采用工厂化生产模式，可以确保建筑工程质量的关键环节得到控制，减少建筑质量通病的产生，全面提升建筑质量和性能。例如装配式建筑中采用夹心保温外墙板工艺，能较好解决墙体保温开裂的问题；采用外墙窗户一次成型工艺，能较好解决外墙渗水的问题；等等。建筑品质的提升，建筑工业化的逐步成熟，加上建筑信息化的深度融合，使得我国相关建筑企业通过产业转型升级从本质上提升了自身竞争力，推动了我国建筑业、制造业等相关领域的发展，有利于提升国际竞争力，实现制造强国的战略目标。

4.2 装配式混凝土结构建筑的类型

20世纪70年代，我国的装配式混凝土建筑主要采用大板结构体系（图4.1），该结构体系的预制构件主要有大型屋面板、预制圆孔板、楼梯等，多用于低层及多层建筑。随着时间的推移，大板结构的缺点也逐渐显现，例如结构的受力模型以及构件的连接方式存在一定的隐患；建筑整体性能及抗震性能差，极易产生裂缝；隔音、渗漏问题突出，不便于二次装修；等等。加之当时运输、成本等多方面因素，大板结构逐渐淡出国内市场。经过几十年的发展，如今的装配式建筑早已克服了大板结构存在的问题，重新登上舞台。目前，我国常见的装配式混凝土结构建筑主要包括装配整体式混凝土框架结构体系、装配式混凝土剪力墙结构体系、预制混凝土外挂墙板体系以及盒子结构体系等。

图4.1 大板结构体系

4.2.1 装配整体式混凝土框架结构体系

装配整体式混凝土框架结构体系是目前常见的一种结构体系，其传力途径与现浇混凝土框架结构一样，依次为楼板→次梁→主梁→柱→基础→地基。该结构的预制构件种类一般有预制柱、预制梁、叠合梁、预制板、叠合板、预制外挂墙板、预制女儿墙等。

装配整体式混凝土框架结构体系的特点有：预制构件标准化程度高，构件种类较少，各类构件重量差异较小，起重机械性能利用充分，技术经济合理性较高；建筑物拼装节点标准化程度高，有利于提高工效；钢筋连接及锚固可全部采用统一形式，机械化施工程度高、质量可靠、结构安全、现场环保等。该结构适用于空间要求较大的建筑，如商场、学校、厂房、医院等。

图 4.2 所示为南京万科上坊保障性住房项目，该建筑的结构体系为 15 层装配整体式混凝土框架结构，建筑高度 45m。除梁、柱外，建筑内外墙板、厨卫均采用工业化产品，整体装配率达到 81.3%。

（a）预制柱构件

（b）住房

图 4.2 南京万科上坊保障性住房项目

装配整体式混凝土框架-现浇剪力墙结构与装配整体式混凝土框架结构中预制构件的种类相似，其中框架梁、柱采用预制，剪力墙采用现浇的形式。

4.2.2 装配式混凝土剪力墙结构体系

在我国，多层及高层建筑主要采用的是装配整体式混凝土剪力墙结构体系。该结构体系的特征是主体结构剪力墙采用预制形式，楼板采用叠合楼板，楼梯、雨篷、阳台等围护结构也通常采用预制形式。根据剪力墙预制形式的不同，可分为装配整体式剪力墙结构、多层装配式剪力墙结构、双面叠合剪力墙结构以及单面叠合剪力墙结构。

1. 装配整体式剪力墙结构

装配整体式剪力墙结构的主要特征是：内墙现浇或少量预制，外墙采用全部或部分预制，连接节点采用现浇的形式。由于内墙现浇使得结构的整体性能与现浇结构差异不大，因此适用于一般的多层和高层建筑，适用范围广。

采用装配整体式剪力墙结构体系可使室内无突出墙面的梁、柱等结构构件，室内空间规整。此外，该结构体系的预制构件标准化程度高，预制墙体构件、楼板构件均为平面构件，生产、运输效率高。

图 4.3 所示为武汉市“名流世家”装配式住宅项目，建筑面积 56412m²，总层数为 34 层，总高度 98.9m。地块内三栋高层住宅楼的地下室、底部加强部位、屋面及屋面以上构架采用传统现浇混凝土结构模式施工，标准层（6～33 层）采用装配整体式剪力墙结构。剪力墙由工厂预制，竖向采用预留孔插入式浆锚连接，与同楼层墙体通过现浇带进行

连接，楼面梁采用叠合梁并与楼板整体浇捣，楼面板采用叠合板并与后浇层现场浇捣，外墙采用工厂预制的三明治板，内隔墙采用工厂预制的空心夹板。

2. 装配整体式双面叠合混凝土剪力墙结构

装配整体式双面叠合混凝土剪力墙结构（图4.4）将剪力墙从厚度方向划分为3层，内外两侧预制，通过桁架钢筋连接，中间是空腔，现场浇筑自密实混凝土。现场安装后，上下构件的竖向钢筋和左右构件的水平钢筋在空腔内布置、搭接，然后浇筑混凝土形成实心墙体。

图4.3　武汉市“名流世家”装配式住宅项目

图4.4　双面叠合剪力墙板

装配整体式双面叠合混凝土剪力墙结构不需要套筒或浆锚连接，具有整体性好，板的两面光洁的特点。双面叠合剪力墙综合了预制结构施工进度快及现浇结构整体性好的优点，预制部分不仅大范围地取代了现浇部分的模板，而且还为剪力墙结构提供了一定的结构强度，并能为结构施工提供操作平台，减轻支撑体系的压力。在进行结构分析时，该结构体系采用等同现浇剪力墙的结构计算方法进行设计。该结构的最大适用高度在7度抗震设防烈度地区为80m，当超过80m时需进行专项评审。图4.5所示为湖北省孝感公租房项目，应用的就是双面叠合剪力墙结构体系。

图4.5　湖北省孝感公租房项目（双面叠合剪力墙结构）

图 4.6　单面叠合混凝土剪力墙

3. 装配整体式单面叠合混凝土剪力墙结构

单面叠合混凝土剪力墙（图 4.6）是指内侧带有保温层的外叶预制混凝土墙板、内叶预制混凝土墙板与中间空腔后浇混凝土共同组成的叠合剪力墙，其中内叶板与中间空腔后浇混凝土整体受力，外叶板不参与叠合受力，仅作为施工时的一侧模板或保温层的外保护板。装配整体式单面叠合混凝土剪力墙结构的建筑外围剪力墙采用单面叠合混凝土剪力墙，其他部位剪力墙采用一般钢筋混凝土剪力墙。这种结构体系的外墙立面不需要二次装修，可完全省去施工外脚手架。在进行单面叠合剪力墙结构分析时，依然采用等同现浇剪力墙的结构计算方法进行设计。

4. 多层预制装配式剪力墙结构

考虑到我国城镇化及新农村建设的特点，借鉴国外尤其是日本的实践经验，可适当降低建筑的结构性能，采用多层预制装配式剪力墙结构。该结构可采用弹性方法进行结构分析，并允许采用预制楼盖和干式连接的做法，具有施工方便、减少现场湿作业、大大提高施工效率等优点，在不超过 6 层的住宅建筑中具有较广阔的应用前景。但同时，这种结构体系作为一种新型的结构形式引入国内，还需要进一步的深入研究及建造实践。

4.2.3　预制混凝土外挂墙板体系

预制混凝土外挂墙板由预制混凝土墙板、墙板与主体结构连接件或连接节点等组成，安装在主体结构上，起围护、装饰作用，为非承重构件，目前被广泛应用于混凝土或钢结构的框架结构中。

如今，预制混凝土外挂墙板体系中的外挂墙板的类型趋于多元化，根据墙板的自身结构可分为夹芯保温墙板和单层混凝土墙板。预制外挂墙板的连接方式有干式连接和湿式连接，干式连接方式一般需要本层建筑主体结构完工以后，再安装外挂墙板，它不需要现场浇筑，只要与预埋件、主体结构相连即可；湿式连接指的是装配式建筑施工时，先安装外挂墙板，然后对拉结钢筋和主体结构进行浇筑，使其相连。图 4.7 所示为某建筑正在安装预制混凝土外挂墙板。

图 4.7　安装预制混凝土外挂墙板

4.2.4　盒子结构体系

盒子结构建筑物是一种装配化程度很高的建筑体系，其中的每一个房间或空间都是一个独立的盒子形构件，如图 4.8 所示。

盒子结构多层住宅建筑体系与人们熟知的砖混结

构等各种建筑物相比的不同之处在于不用一砖一瓦，而是先在预制构件厂内以工业化生产的方式，采用钢筋混凝土一次整浇成型，带有四面墙体和一面楼板的五面体钟罩形盒子房屋，运到施工现场后再用吊车以“搭积木”的方式逐层摞起来，稍加装修后即可作为住宅楼或办公楼等各种多层建筑物交付使用。盒子结构体系具有施工速度快、抗震性能好、建筑造价低、便于拆迁搬家、工程质量容易控制等优点，具有十分广阔的应用前景。

图4.8　盒子结构建筑图

4.3　装配式混凝土建筑设计

4.3.1　概述

在很多设计人员眼里，装配式建筑设计无非就是先按现浇混凝土结构进行常规设计，然后送到装配式建筑深化设计部门或设计院进行构件拆分，接着预制构件厂家根据构件拆分图纸进行构件生产。简单来说，他们认为装配式建筑设计仅仅只是常规的现浇混凝土结构设计的一项后续环节，即一个深化设计的过程。而许多建筑设计师则认为装配式建筑设计仅仅与结构工程师有关，更有设计单位认为装配式建筑设计与己无关，只需按常规建筑设计好之后交给深化设计公司即可。

图4.9和图4.10分别为现浇式建设流程和装配式建设流程。通过对比可以发现，在设计环节装配式建设流程增加了技术策划和构件加工图设计两个重要环节。由于装配式建筑建造技术含量较高而容错性很差，如果设计阶段发生错误就会造成很大损失，所以，在

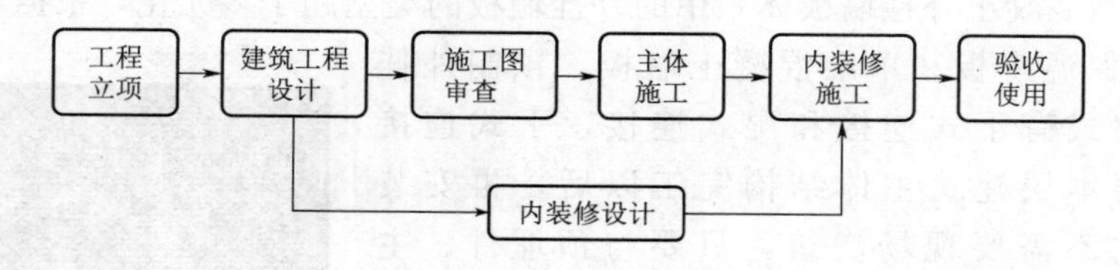

图4.9　现浇式建设流程

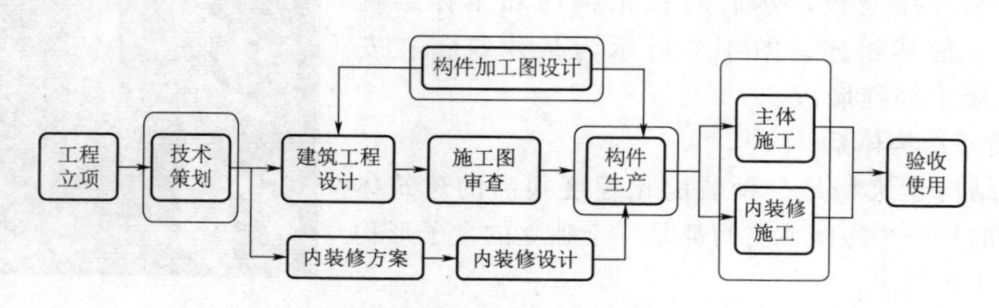

图4.10　装配式建设流程

装配式建设流程前期中增加了技术策划这个阶段，而技术策划这个阶段又往往容易被忽视，是因为一方面设计单位接触这个内容比较少，另一方面开发商的装配式建筑项目比较少，所以都没有注重技术策划阶段。此外，装配式建筑建设过程中因为包括构件生产的环节，所以必然会增加构件加工图设计，就是通常所说的构件深化设计，从图 4.10 可以看到，深化设计的环节实际上从建筑工程设计启动时就已经开始。

尽管装配式混凝土建筑的设计工作确实是以现浇混凝土结构设计为基础，但它绝不仅仅只是常规设计的附加工作而已，更不是仅仅与拆分设计单位或制作厂家有关联，下面举个例子进行说明：

针对钢筋混凝土柱保护层厚度，在《混凝土结构设计规范》（GB 50010—2010）中统一规定：混凝土保护层厚度是指最外层钢筋外边缘至混凝土表面的距离，且在一类环境下，保护层的最小厚度为 20mm。对于预制混凝土柱，保护层厚度则要从套筒处箍筋算起，而套筒直径比受力钢筋直径约大 30mm，因此，实际工程中需要受力钢筋处箍筋边缘至混凝土柱边缘的距离变为 35mm，如图 4.11 所示。

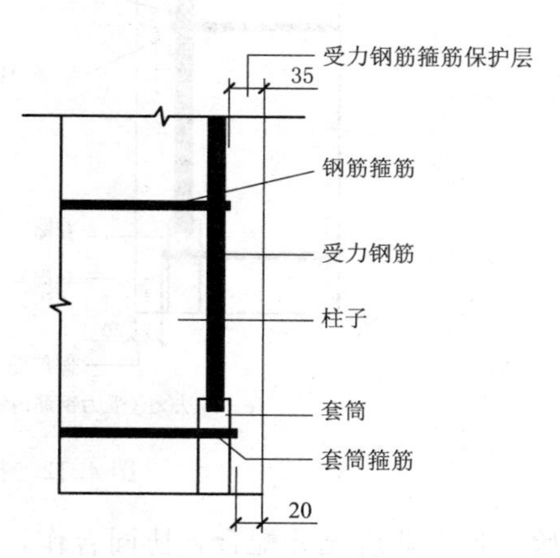

图 4.11　预制柱保护层厚度

假如某建筑先按现浇混凝土结构设计，混凝土柱保护层厚度如图 4.12（a）所示。之后交给装配式建筑深化设计单位进行构件拆分，设计人员对柱保护层厚度的处理可能存在以下 3 种情况：

（1）不改变柱截面尺寸及受力钢筋位置，直接加入套筒，则此时柱保护层厚度变为 5mm 左右，如图 4.12（b）所示，这将会对套筒的锚固及构件的耐久性产生很不利影响。

（2）不改变柱截面尺寸，将受力钢筋位置内移 15mm 来确保预制柱保护层厚度为 20mm，如图 4.12（c）所示。这一做法虽然保证了预制柱保护层厚度满足规范要求，但由于受力钢筋位置的内移，使得柱承载力计算中的截面有效高度（h_0）变小 15mm，这会导致柱承载力下降，对于截面高度本身就比较小的柱子，这一处理方式会对结构安全造成隐患。

（3）不改变受力钢筋位置，将柱子右侧外边缘外移 15mm，即柱子截面高度变大 15mm 来确保保护层厚度的要求，如图 4.12（d）所示。这一做法保证了预制柱保护层厚度满足规范要求，但由于柱子截面尺寸的变化会使柱刚度变大，建筑尺寸也相应发生变化。

从以上的例子便可以看出，如果还是按照仅仅把装配式建筑设计看成是现浇结构设计的后续工作的思路，不管后续构件拆分人员如何去做，都会存在一些问题，甚至会产生安全隐患。装配式建筑的设计应由建筑设计师牵头，结构工程师配合，装饰设计师、水暖电管线设计师、构件厂工程师、施工装配企业工程师等人辅助，在建筑建设的最开始阶段，装配式建筑设计工作就已启动，两者共同推进，互相协同。

4.3.2　装配式混凝土结构建筑设计原则

1. 协同原则

在建筑设计的开始阶段，甚至是项目前期阶段，装配式建筑的设计工作就应同步开

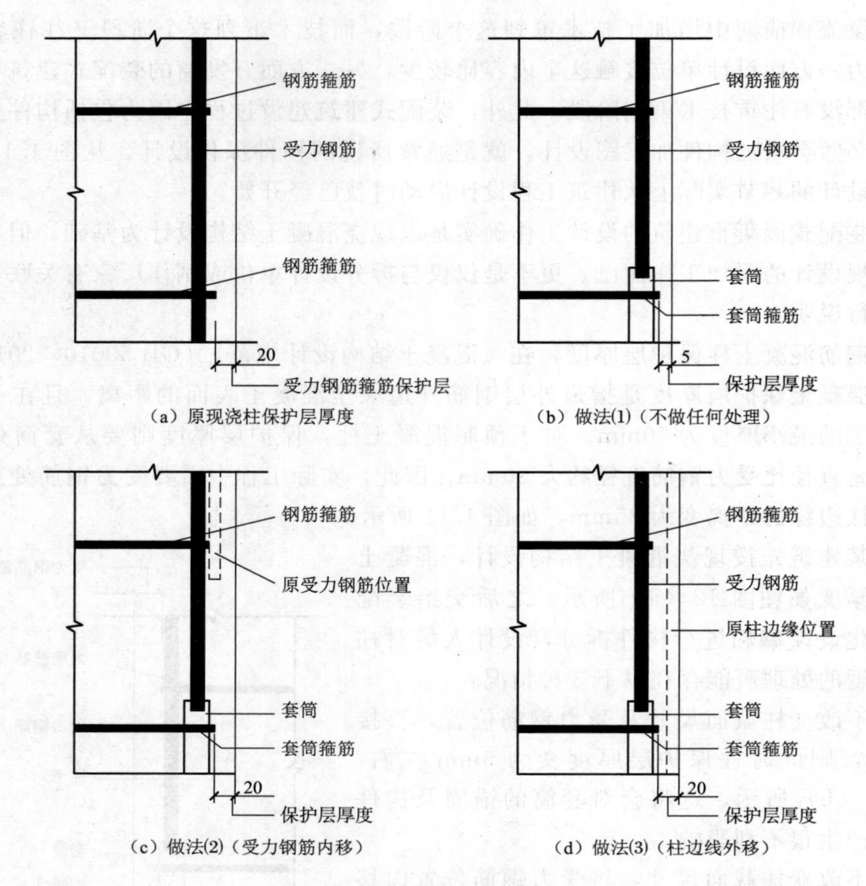

图4.12　拆分阶段不同处理做法示意图

始。各专业应充分配合，协同合作，充分考虑装配式建筑各构件及施工安装过程中的每个细节。设计人员在设计过程中，应与构件厂及施工单位保持密切联系，确保构件的精确生产及装配式建筑的顺利安装，否则一点很小的偏差，都会导致构件作废，或只能对构件开槽打孔进行补救，影响结构安全性和工期。

另外值得一提的是，传统的现浇混凝土结构建筑一般在设计完成之后才确定施工单位，而装配式建筑在项目启动时就应由建设单位组织协调设计单位、预制构件厂及施工单位协同合作。

2. 效能原则

国家大力推广装配式建筑，并出台了一系列鼓励政策。建设单位、设计单位以及施工单位不应为了“装配式”而装配式，杜绝为了装配率而盲目使用预制构件，最终得不偿失。在设计时应以效能为主导，真正发挥出装配式建筑的优势。

3. 标准化和模数化原则

在满足建筑使用功能的前提下，设计应采用标准化、系列化设计方法，满足体系化设计的要求，充分考虑构配件的标准化、模数化，降低建造成本。通过少规格、多组合的思路弥补装配式建筑布局单一的缺陷。

4. 集成化原则

装配式建筑设计应致力于集成化，如建筑、结构、装饰、保温一体化，尽量选用集成式厨房、集成式卫浴，各专业管路集成化，采用整体收纳等。

5. 精细化原则

装配式建筑设计必须做到精细。设计精细是构件制作、安装正确和保证质量的前提，是避免失误和损失的前提。

6. 全装修、管线分离和同层排水原则

国家标准要求装配式混凝土建筑应实行全装修，宜实行管线分离和同层排水。这些要求提升了建筑标准，不过也提高了建造成本。设计单位应协助建设单位做好方案比较并给出最终决策的建议。

7. 一组图原则

装配式混凝土建筑设计图纸与传统建筑设计图相比，增加了构件生产制作图。新增的构件生产制作图除了其截面尺寸、配筋、预埋件、预留孔等满足施工安装环节对构件的要求外，还应与建筑设计图、施工图相对应，组成前后呼应的一组图，尽量避免构件厂人员或施工安装人员在图纸中找不到大样图而只能去参考标准图集。一组图原则主要是为避免或减少出错、遗漏和各专业设计间的“撞车”现象。

4.3.3 装配式混凝土结构建筑设计内容

1. 结构体系

通过综合分析，设计人员与建设单位共同确定装配式建筑的结构体系。

2. 建筑高度

根据现行国家标准《装配式混凝土结构技术规程》(JGJ 1—2014) 规定，装配整体式框架结构、装配整体式框架-现浇剪力墙结构建筑的最大使用高度与相应的现浇混凝土结构一致，装配整体式剪力墙结构、装配整体式部分框支剪力墙结构则比相应现浇结构降低10m。因此，在进行装配式建筑设计时应参照相关规范来确定建筑高度。

3. 平面布置

装配式混凝土建筑的平面设计在满足平面功能的基础上考虑有利于装配式建筑建造的要求，遵循“少规格、多组合”的原则，建筑平面应进行标准化、定型化设计，建立标准化部件模块、功能模块与空间模块，实现模块多组合应用，提高基本模块、构件和部品重复使用率，有利于提升建筑品质、提高建造效率及控制建设成本。

以住宅项目为例，在方案设计阶段根据不同的使用需求进行合理划分，确定套型模块，然后根据实际定位要求及需求量要求，由套型模块灵活组合成不同单元模块，如图4.13所示。

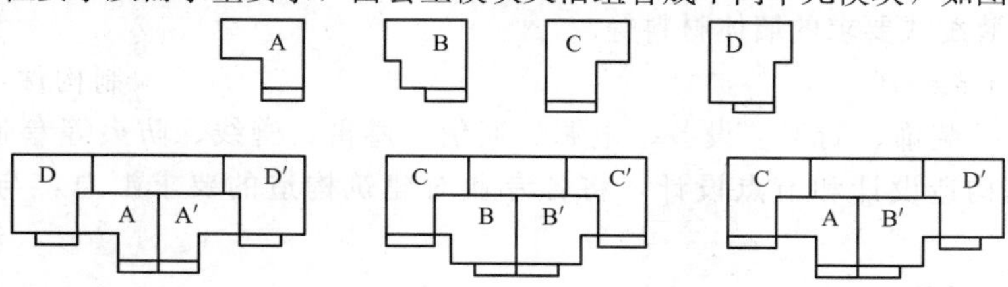

图4.13 装配式建筑“多组合”平面布局

4. 立面设计

装配式混凝土建筑的立面是标准化预制构件和构配件立面形式装配后的集成与统一。立面设计应根据技术策划的要求最大限度考虑采用预制构件，并同样依据“少规格、多组合”的设计原则尽量减少立面预制构件的规格种类。图 4.14 所示项目也是通过不同套型模块的组合，对立面进行多样化的设计，形成多种立面风格。

图 4.14　装配式建筑“多组合”立面布局

建筑立面应规整，外墙宜无凸凹，立面开洞统一，减少装饰构件，尽量避免复杂的外墙构件。居住建筑的基本套型或公共建筑的基本单元在满足项目要求的配置比例前提下尽量统一。建筑竖向尺寸应符合模数化要求，层高、门窗洞口、立面分格等尺寸应尽可能协调统一。门窗洞口宜上下对齐、成列布置，其平面位置和尺寸应满足结构受力及预制构件设计要求。

5. 模数协调

设计中应遵守模数协调的原则。设计参与者要做好建筑与部品模数协调，以及部品之间的模数协调和部品的集成化和工业化生产，实现土建与装修在模数协调原则下的一体化，并做到装修一次性到位。

6. 防水设计

外挂墙板接缝是防水设计的重点，剪力墙外墙板水平接缝灌浆不密实也会出现渗漏。防水应采用构造防水与密封防水两道设防。构造防水包括板的水平接缝采用高低缝或企口缝，竖直缝设置排水空腔等。密封防水包括橡胶条和密封胶等。

7. 防火设计

预制外墙板作为围护结构，应与各层楼板、防火墙、隔墙、梁柱相交部位设置防火封堵措施。

8. 管线分离、同层排水与层高设计

国家标准要求装配式混凝土建筑宜实行管线分离、同层排水。如此可能需要天棚吊顶，地面架空。为了保证净高，需增加建筑层高。由于涉及市场定位和造价，决策者是建设开发单位，建筑师可做出方案和性价比分析，向开发商提出建议。

9. 内墙设计

选用符合装配式要求的墙体材料等。

10. 构造节点设计

根据门窗、装饰、厨卫、设备、电源、通信、避雷、管线、防火等专业或环节的要求，进行建筑构造设计和节点设计，将各专业对建筑构造的要求汇总，与预制构件设计对接。

11. 集成化部品

设计或选用集成化部品，例如采用整体收纳、集成式卫生间、集成式厨房等。

4.4 装配式混凝土建筑结构设计

4.4.1 等同原理

装配式混凝土建筑结构设计的基本原理是等同原理。简单来说，就是通过采用可靠的连接技术和必要的结构与构造措施，使装配整体式混凝土结构与现浇混凝土结构的效能基本等同。

实现等同效能，结构构件的连接方式是最重要、最根本的。此外，并不是仅仅连接方式可靠就安全了，必须对相关结构和构造做一些加强或调整，应用条件也会比现浇混凝土结构限制得更严。

等同原理不是一个严谨的科学原理，而是一个技术目标。等同原理不是做法等同，而是强调效果和实现的目的等同。

4.4.2 结构设计主要内容

1. 选择、确定结构体系

对各方案的技术经济指标进行全方面分析与比较，确定装配式建筑的最优结构体系。

2. 进行结构概念设计

依据结构原理和装配式结构的特点，对结构整体性、抗震设计等与结构安全有关的重点问题进行概念设计，详见4.4.3小节。

3. 确定结构拆分界面

确定预制范围、结构构件拆分界面的位置，进行接缝抗剪计算等。

4. 作用计算与系数调整

进行因装配式而变化的作用分析与计算，然后按照规范要求，对剪力墙结构应加大现浇剪力墙部分的内力调整系数。

5. 连接节点计算

选定连接材料，并确定连接方式，完成连接节点设计，并给出连接方式试验验证的要求，最后进行后浇混凝土连接节点设计。

6. 预制构件设计

（1）对预制构件的承载力和变形进行验算，包括在脱模、翻转、吊运、存放、运输、安装和安装后临时支撑时的承载力和变形验算，给出各种工况的吊点，支承点的设计。

（2）设计预制构件形状尺寸图、配筋图。

（3）进行预制构件结构设计，将建筑、装饰、水暖电等专业需要在预制构件中埋设的管线、预埋件、预埋物、预留沟槽，连接需要的粗糙面和键槽要求，制作、施工环节需要的预埋件等，都无一遗漏地汇集到构件制作图中。

（4）给出构件制作、存放、运输和安装后临时支撑的要求，包括临时支撑拆除条件的设定。

7. 夹心保温板结构设计

选择夹心保温构件拉结方式和拉结件，进行拉结节点布置、外叶板结构设计和拉结件结构计算，明确给出拉结件的物理力学性能要求与耐久性要求，明确给出试验验证的要求。

4.4.3 结构概念设计

概念设计是指根据结构原理与逻辑及其设计经验进行定性分析和设计决策的过程，装配式混凝土建筑结构设计应进行结构概念设计，包括以下几方面：

1. 整体性设计

对装配式混凝土结构中不规则的特殊楼层及特殊部位，应从概念上加强其整体性。如：平面凹凸及楼板不连续形成的弱连接部位；层间受剪承载力突变造成的薄弱层；侧向刚度不规则的软弱层；挑空空间形成的穿层柱等部位和构件，不宜采用预制。

2. 强柱弱梁设计

"强柱弱梁"简单说就是框架柱不先于框架梁破坏，因为框架梁破坏是局部性构件破坏，而框架柱破坏将危及整个结构安全。设计要保证竖向承载构件"相对"更安全。装配式结构有时为满足预制装配和连接的需要无意中会带来对"强柱弱梁"的不利因素，须引起重视。例如：叠合楼板实际断面增加或实配钢筋增多的影响，梁端实配钢筋增加的影响等。

3. 强剪弱弯设计

"弯曲破坏"是延性破坏，有显性预兆特征，如开裂或下挠变形过大等，而"剪切破坏"是脆性破坏，没有预兆，是瞬时发生的。结构设计要避免先发生剪切破坏。

预制梁、预制柱、预制剪力墙等结构构件设计都应以实现"强剪弱弯"为目标。比如：将附加筋加在梁顶现浇叠合区内，会带来框架梁受弯承载力的增强，可能改变原设计的弯剪关系。

4. 强节点弱构件设计

"强节点弱构件"就是要梁柱节点核心区不能先于构件出现破坏，由于大量梁柱纵筋在后浇节点区内连接、锚固、穿过，钢筋交错密集，设计时应考虑采用合适的梁柱截面，留有足够的梁柱节点空间满足构造要求，确保核心区箍筋设置到位，混凝土浇筑密实。

5. "强"接缝结合面"弱"斜截面受剪设计

装配式结构的预制构件接缝，在地震设计工况下，要实现强连接，保证接缝结合面不先于斜截面发生破坏，即接缝结合面受剪承载力应大于相应的斜截面受剪承载力。由于后浇混凝土、灌浆料或坐浆料与预制构件结合面的黏结抗剪强度往往低于预制构件本身混凝土的抗剪强度，实际设计中需要附加结合面抗剪钢筋或抗剪钢板。

6. 连接节点避开塑性铰

梁端、柱端是塑性铰容易出现的部位，为避免该部位的各类钢筋接头干扰或削弱钢筋在该部位所应具有的较大的屈服后伸长率，钢筋连接接头宜尽量避开梁端、柱端箍筋加密区。对于装配式柱梁体系来说，套筒连接节点也应避开塑性铰位置。具体地说，柱、梁结构一层柱脚、最高层柱顶、梁端部和受拉边柱和角柱，这些部位不应做套筒连接部位。《装配式混凝土建筑技术标准》（GB/T 51231—2016）规定装配式框架结构一层及顶层楼盖宜现浇，已经避免了柱塑性铰位置有连接节点。为了避开梁端塑性铰位置，梁的连接节点不应设在梁端塑性铰范围内，见图 4.15 所示。

7. 减少非承重墙体刚度的影响

非承重外围护墙、内隔墙的刚度对结构整体刚度、地震力分配、相邻构件的破坏模式等都有影响，影响大小与围护墙及隔墙数量、刚度与主体结构连接方式直接相关。这些非承重构件应尽可能避免采用刚度大的墙体。有些设计者为了图省事或提高装配率，填充墙也用预制混凝土墙板，这是不可取的。外围护墙体采用外挂墙板时，与主体结构应采用柔性连接方式。

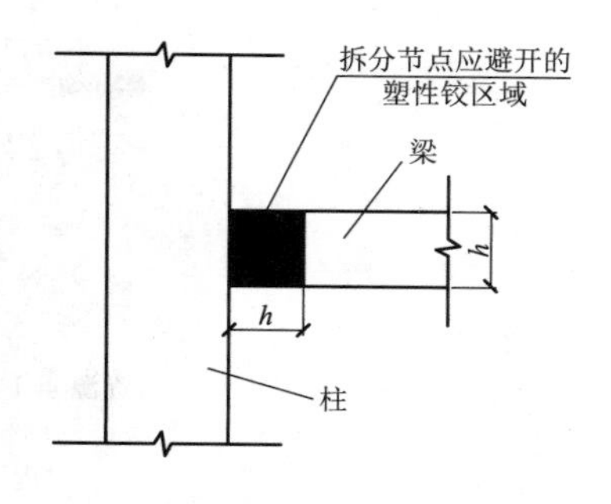

图 4.15 结构梁柱节点避开塑性铰位置

8. 使用高强材料

柱梁体系结构宜优先采用高强混凝土与高强钢筋，减少钢筋数量和连接接头，避免钢筋配置过密、套筒间距过小而影响混凝土浇筑质量。使用高强材料可以方便施工，对提高结构耐久性、延长结构寿命非常有利。

4.4.4 构件拆分设计

1. 拆分设计原则

(1) 应考虑结构的合理性。

(2) 接缝选在应力较小的部位。

(3) 高层建筑柱梁结构体系套筒连接节点应避开塑性铰位置。

(4) 尽可能统一和减少构件规格。

(5) 相邻、相关构件拆分协调一致，如叠合板拆分与支座梁拆分需协调一致。

(6) 符合制作、运输、安装环节约束条件。

(7) 遵循经济性原则进行多方案比较，做出经济上可行的拆分设计。

2. 拆分设计内容

(1) 确定拆分界线。

(2) 设计连接节点。

(3) 设计预制构件。

4.4.5 预制构件设计

预制构件设计内容包括以下几点：

(1) 构件模板图设计。根据拆分设计和连接设计确定构件形状与详细尺寸。

(2) 伸出钢筋与钢筋连接设计。根据结构设计、拆分布置和连接节点设计，进行构件的钢筋布置、伸出钢筋、钢筋连接（套筒或金属波纹管或浆锚孔）、连接部位加强箍筋构造等的设计。

(3) 安装节点、吊点、预埋件、埋设物、支承点的设计。

(4) 键槽面、粗糙面设计。

(5) 各专业设计汇集，将建筑、结构、装饰、水电暖、设备等各个专业和制作、堆放、运输、安装各个环节对预制构件的全部要求，在构件制作图上无遗漏地表示出来。

(6) 敞口构件运输临时拉杆设计等。

课外资源

资源4.1　装配式混凝土结构建筑类型介绍 ▶

课后练习题

（1）装配式混凝土结构建筑的概念是什么？
（2）什么是预制装配式？什么是装配整体式？两者之间的区别是什么？
（3）什么是预制率？什么是装配率？简述装配率的计算方法。
（4）装配式混凝土结构建筑的优缺点分别有哪些？
（5）装配式混凝土结构建筑的类型有哪些？各种结构类型的主要特征是什么？
（6）简述装配式混凝土建筑设计的原则和内容分别有哪些。
（7）简述装配式混凝土建筑结构设计的原则和内容分别有哪些。

第5章　装配式组合结构建筑

学习目标

(1) 掌握装配式组合结构建筑的概念及类型。
(2) 掌握装配式组合结构建筑的特点。
(3) 了解装配式钢-木组合结构类型及相关案例。
(4) 了解装配式混凝土-木组合结构类型及相关案例。
(5) 了解装配式混凝土-钢组合结构类型及相关案例。
(6) 了解其他装配式组合结构类型及相关案例。

5.1　装配式组合结构建筑概念、类型及特点

5.1.1　装配式组合结构建筑概念

在介绍装配式组合结构建筑概念之前，我们先区分两个容易混淆的概念，一个是混合结构，一个是组合结构。混合结构是指两种或多种结构体系组合在一起的结构形式；组合结构则是指两种或多种材料组合在一起而形成的结构形式。现行行业标准《组合结构设计规范》(JGJ 138—2016) 对组合结构构件的定义为由型钢、钢管或钢板与钢筋混凝土组合能整体受力的结构构件，组合结构的定义则是由组合结构构件组成的结构，以及由组合结构构件与钢构件、钢筋混凝土构件组成的结构。该行业标准所定义的组合结构仅包括钢和混凝土两种材料，可认为是狭义的概念。

随着社会的发展，对结构物使用功能的要求越来越高，传统的组合结构已经不能完全满足不断增长的功能要求。中国工程院院士、清华大学结构工程研究所所长聂建国教授在其《广义组合结构及其发展展望》一文中提出了广义组合结构的概念，即组合结构是指将不同材料和构件组合在一起的结构形式，同时在设计时应将不同材料和构件的性能纳入整体进行考虑。

在聂教授关于广义组合结构概念的基础上，将装配式组合结构建筑定义为：装配式组合结构建筑，是指建筑的结构系统（包括外围护系统）由不同材料预制构件装配而成的建筑。例如，钢结构建筑中采用了混凝土叠合楼板、装配式混凝土厂房采用了钢结构屋架、装配式钢筋混凝土外筒与钢结构柱梁组合等，都属于装配式组合结构。

装配式组合结构建筑的认定有两个关键点，一是由不同材料制作的预制构件装配而成；二是预制构件是结构系统（包括外围护系统）构件。按照这两个关键点，在钢管柱内现浇混凝土，虽然是两种材料组合，但不能算作装配式组合结构，因为现场浇筑混凝土而成的钢管混凝土柱不属于预制构件。再比如，关于型钢混凝土，如果包裹型钢的是现浇混凝土，也不能算作装配式组合结构，因为它也不是预制构件，但如果包裹型钢的混凝土与

型钢是在构件厂一起预制的，就属于装配式组合结构。

5.1.2　装配式组合结构建筑类型

装配式组合结构建筑按预制构件材料组合分类有以下几种类型：

1. 装配式钢-木结构

结构系统以及外围护结构系统由钢结构构件和木结构构件装配而成。

2. 装配式混凝土-木结构

结构系统以及外围护结构系统由混凝土预制构件和木结构构件装配而成。

3. 装配式混凝土-钢结构

结构系统以及外围护结构系统由混凝土预制构件和钢结构构件装配而成。

4. 其他装配式组合结构

结构系统以及外围护结构系统由其他材料预制构件组合而成，例如纸管结构与集装箱组合的建筑等。

5.1.3　装配式组合结构优缺点

1. 优点

在某些建设项目实施中，若采用某单一材料装配式结构无法实现某些功能、某些效果，设计师则会考虑采用装配式组合结构，正是因为装配式组合结构可以充分利用各种材料的先天优势，做到优势互补。以下举例介绍装配式组合结构具有的一些优点，但注意不是每种装配式组合结构都具有以下的所有优点。

(1) 有利于优化结构。众所周知，混凝土材料是一种刚性材料，其抗压性能良好而抗弯性能较差。因此在某些希望重量轻、抗弯性能好的地方可使用钢结构或木结构构件，而在希望抗压性能好的地方可使用混凝土预制构件。图5.1所示为某装配式建筑采用钢筋混凝土柱加钢梁形成组合结构。

(2) 有利于实现某种建筑功能。例如，为实现体育馆或厂房等公共建筑的室内无柱大跨度空间，可采用装配式混凝土结构加钢结构屋盖（图5.2）；为更好实现钢结构建筑保温效果，可采用预制混凝土夹心保温外挂墙板作为钢结构外围护系统等。

图5.1　钢筋混凝土柱加钢梁的组合结构　　图5.2　预制混凝土结构加钢结构屋盖结构

(3) 有利于方便施工。例如，某些装配式混凝土筒体结构会在其核心区用钢柱取代混凝土柱，这样可在施工时作为塔式起重机的基座，随层升高，方便施工。

(4) 有利于更好表达艺术效果。例如，图5.3所示的努美阿的吉巴乌文化中心，其主体结构为钢结构，设计师为了使建筑造型体现出土著人茅草屋的质感，让木结构承担了一部分结构功能。

图 5.3 吉巴乌文化中心模型

2. 缺点

(1) 装配式组合结构受力复杂，有时候计算模型缺乏可靠性，甚至有些装配式组合结构没有现成的计算软件可用。

(2) 部分装配式组合结构的结构计算和施工缺乏相应标准、规范的支持。

(3) 构件种类的增多会增加构件制作及安装的压力。

(4) 不同材料构件尺寸允许偏差不同，需对所有构件尺寸偏差有更严格的规定。

5.2 装配式钢-木组合结构

木材作为传统的建筑材料，具有无毒害、无污染、保温效果极佳等优点，但也存在易燃、易朽、不耐虫蛀、干缩湿胀、受力异向性等缺点。钢材则具有高强、轻质、延性好等优点，但在相同条件下，钢材构件的截面尺寸小、长细比大且板件薄弱，容易出现失稳现象，使得单个构件或整体结构发生较大形变从而提前丧失承载力。

装配式钢-木组合结构作为一种新型组合结构体系，其意义在于同时发挥钢材与木材的优点，相互取长补短。装配式钢-木组合结构具有良好的受力性能，且在地震时节点之间可以将荷载相互承担，使结构通过自身变形来消耗能量，提高整体安全性。此外，随着人们对建筑艺术效果越来越高的追求，设计师们希望利用钢结构牢固与快捷的优点，又希望能利用木结构来弥补钢结构“冰冷”的感觉，给人一种“返璞归真”的艺术效果，这时候装配式钢-木组合结构就可以完美地解决了以上问题。

目前，国内外对于钢木结构有两种应用体系：一种是将钢木组合作为一种构件，将此组合构件应用于实际工程，提高结构体系的承载力；另一种是钢、木分离式，用木材代替了结构中的一部分钢材，增强了结构的稳定性。

图 5.4 日本鬼石多功能厅的钢-木翼缘型梁

日本的鬼石多功能厅，其演讲厅的屋顶采用了以木材作为腹板，木材外贴钢材作为翼缘的钢-木翼缘型梁（图 5.4），这是在木结构构件中局部采用钢结构替代的经典案例。

美国阿肯色州的荆棘冠教堂（图 5.5）位于美国奥索卡山脉周围的森林中，被美国建筑师协会选为 20 世纪十大建筑之一。荆棘冠教堂属于钢、木分离式的装配式钢-木组合结构，建筑由大量玻璃窗、重复的木柱以及钢桁架搭建而成。建造时以当地松木制作构件，辅之以钢结构构件。设计师为了不破坏现场环境，减少伐木，设计用人工搬运构件，因此，将木结构和钢结构构件设计得很轻，靠杆系交叉形成结构整体性。交叉的杆系像转了角度的十字架，也有哥特式教堂尖拱那种向上聚拢的空间感，宗教寓意很浓。在这座建筑中，木结构与钢结构的使用与融合相得益彰。

图 5.5　美国阿肯色州荆棘冠教堂

图 5.6 为 2010 年冬奥会温哥华速滑馆。该体育馆下部主体使用钢结构框架实现室内的大跨度空间，满足体育比赛的需求；上部拱形结构采用了 2 根 1.6m 弯曲深度的胶合梁，与下部钢框架进行连接，使拱形屋顶跨越了 120m 的场地宽度，提高了整个场馆结构的抗震性能。木结构的隔音、保温、抗震等效果极好，钢结构在防火、强度等方面优点突出，通过木结构和钢结构两种结构相互结合的使用，可以最大程度地发挥两种结构的优势。该项目在一个全球建筑设计大奖评选中击败北京鸟巢荣膺全球最佳体育馆设计，并获得 LEED 认证银奖。这也是一个钢、木分离式的装配式钢-木组合结构的典型案例。

图 5.6　2010 年冬奥会温哥华速滑馆

5.3　装配式混凝土-木组合结构

装配式混凝土-木组合结构主要有 3 种类型：一是在装配式混凝土建筑中，采用整间板式木围护结构；二是在装配式混凝土建筑中，用木结构屋架或坡屋顶；三是在装配式混凝土结构中部分构件用木结构替换。其中，前两者应用较多，第三种不常见。

图 5.7 所示为我国首个装配式混凝土结构与预制木骨架墙体组成的混合示范实验楼，属于典型的装配式混凝土-木组合结构。该项目位于研砼治筑有限公司常州生产研发基地内，总建筑面积 171m²，主体结构采用装配整体式混凝土框架结构配以预制木骨架组合墙体（以下简称预制节能木墙）作为围护结构。其中混凝土框架结构的预制构件有：梁、柱、叠合楼板、楼梯，建筑围护结构（即外墙结构）和内隔墙均采用预制节能木墙。整个建筑构件全部在工厂预制完成，除了梁柱节点、叠合楼板上层，其他全部采用在工厂内预制完成的建筑构件，装配率达 85％以上。

(a) 建筑效果图

(b) 预制节能幕墙吊装

图 5.7　装配式混凝土与预制木骨架墙组成的混合示范实验楼

5.4　装配式混凝土-钢组合结构

装配式混凝土-钢组合结构就是由混凝土预制构件与钢结构构件组合装配而成的一种结构形式，是最常见的一种装配式组合结构，其应用类型主要有以下几种：

(1) 在装配式混凝土结构工业厂房或住宅中采用钢结构屋架和压型复合板屋盖等。

(2) 装配式混凝土结构体系中部分构件采用钢结构构件。

(3) 高层框架筒体结构采用预制混凝土剪力墙及钢框架体系，或高层筒体结构采用预制混凝土外筒及钢结构内柱和梁。

(4) 装配式钢结构中采用预制混凝土叠合板、预应力空心板、预应力叠合板、预制混凝土外挂墙板、预制混凝土楼梯、预制混凝土阳台等部品部件。

(5) 装配式钢结构中采用预制混凝土梁、预制剪力墙等构件。

(6) 由钢结构构件和混凝土预制构件共同组成建筑结构体系，或由钢及混凝土共同制成钢管混凝土束作为建筑结构构件。

图 5.8 所示为某典型装配式混凝土-钢组合结构单层厂房的建设过程，该厂长 198m，宽 84m，柱顶高度 7.2m，采用装配式混凝土柱组成排架，屋盖系统采用梯形钢屋架，屋架最大跨度 30m，屋面采用钢结构轻型复合板。

图 5.9 所示为河北省装配式重点示范项目、唐山市首个装配式住宅——唐山浭阳锦园装配式住宅项目。该项目中的 4 号楼为装配式钢结构住宅示范楼，结构形式为钢框架-支撑—剪力墙结构，楼板和墙体均为装配式构件，墙体采用混凝土与钢梁整体预制，楼板采用装配式叠合密肋楼板。钢柱布置在外墙周边及分户墙处，户型内部无柱，具有开放式超大空间、高度集成化、钢结构防火防腐一体化等技术优势。

图 5.8　某典型装配式混凝土-钢组合结构单层厂房建设过程

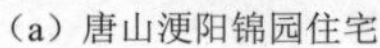

(a) 唐山浭阳锦园住宅

(b) 4号楼项目施工中

图 5.9　唐山浭阳锦园装配式住宅项目

图 5.10 为杭州市来福士广场项目，项目位于杭州市江干区钱江新城核心地段，占地约 4 万 m^2，建筑面积约 40 万 m^2，由一栋裙房商场和两栋集办公、酒店为一体的综合超高层塔楼组成。塔楼一为地上 60 层，结构主屋面高度 242.85m，总高度约 250m；塔楼二为地上 59 层，结构主屋面高度 244.78m，总高度约 250m。塔楼采用由中部核心筒和外围框架组成的框架-核心筒结构抗侧力体系，其中核心筒材料为现浇钢筋混凝土，外框架柱采用预制钢管混凝土柱，外框架梁采用预制型钢混凝土梁，楼面采用现浇混凝土形式，整个结构形式复杂，几乎涵盖了所有结构形式。

图 5.10　杭州市来福士广场

5.5　其他装配式组合结构

其他装配式组合结构类型主要有：装配式混凝土结构与钢-悬索结构组合，钢结构支撑体系与张拉膜组合，装配式纸板结构与木结构组合，装配式纸板结构与集装箱结构组合，等等。

图 5.11　新西兰基督城纸板教堂

图 5.11 为新西兰基督城纸板教堂，2011 年基督城发生大地震，大教堂在地震中完全损毁，2013 年日本建筑师坂茂受教会人士委托，设计了现在这座纸板教堂作为应急临时教堂，并于 2014 年获得了普利兹克奖。该装配式纸板教堂采用的基本元件是硬纸板卷成

的纸管，表面有防潮和防火涂层，纸管排列起来组成人字形结构（也就是三铰拱结构）墙体（图 5.12），纸管外铺设透明的聚碳酸酯板，遮风挡雨。纸板结构教堂除地面外，全都是由预制构件装配而成，而且也属于装配式组合结构，因为有一部分纸管墙体的基础是用淘汰的集装箱改造的，集装箱同时也兼作了教堂的裙房（图 5.13）。整个建筑重量轻、抗震性能好、施工便利快捷，是非常好的绿色环保建筑。

图 5.12　教堂内纸管排列组成人字形

图 5.13　教堂侧面裙房由集装箱改造而来

课 外 资 源

资源 5.1　装配式组合结构建筑介绍

课 后 练 习 题

（1）什么是装配式组合结构建筑，它的优缺点分别有哪些？

（2）装配式组合结构建筑有哪些类型？

（3）装配式钢-木组合结构有哪些类型？通过查阅课外资料，装配式钢-木组合结构建筑还有哪些案例？

（4）装配式混凝土-木组合结构有哪些类型？通过查阅课外资料，装配式混凝土-木组合结构建筑还有哪些案例？

（5）装配式混凝土-钢组合结构有哪些类型？通过查阅课外资料，装配式混凝土-钢组合结构建筑还有哪些案例？

（6）其他装配式组合结构建筑有哪些类型？通过查阅课外资料，其他装配式组合结构建筑还有哪些案例？

第6章 装配式混凝土建筑主要构件及生产

学习目标

（1）了解预制混凝土构件行业发展历程。

（2）了解预制混凝土构件行业发展现状。

（3）熟练掌握六大类预制混凝土构件及各自的特点。

（4）掌握预制混凝土构件三类流水线及各自的特点。

（5）掌握预制混凝土构件的制作流程。

（6）掌握预制混凝土构件质量检验要点。

（7）了解预制混凝土构件吊运、存放及运输的要点。

6.1 预制混凝土构件行业发展概述

在我国，预制混凝土构件的生产应用已有近50年历史，随着预制构件的发展，预制构件厂也已从最开始施工单位的附属部门分离出来形成一个独立的行业。我国在20世纪50年代向苏联学习走预制装配化建筑道路，预制混凝土柱、吊车梁、屋架或屋面梁、屋面板等主要构件均采用预制的形式，但大多在施工现场预制。之后60年代末70年代初，中小型预制构件民营企业规模逐渐扩大，加上70年代中期政府又投资新建了大批混凝土大板厂和框架轻板厂，掀起了预制构件行业发展的热潮。到了80年代中期，全国装配式构件行业发展到达一个顶峰，但大多预制构件厂规模较小。在这段时期内，预制构件的生产从以手工为主逐渐发展到机械与手工并用，生产技术有了一个不小的飞跃。之后到了90年代，随着经济的飞速发展，加上1976年唐山大地震造成大量装配式建筑倒塌后人们却一直未找到预制构件间可靠连接的方法，商品混凝土和泵送技术发展迅猛并逐步取代预制构件，我国预制构件行业逐步衰落。

随着混凝土现浇技术的不断发展，实际上也带动了预制混凝土技术的发展。用高度机械化的生产技术按高标准生产房屋构件、桥梁构件、隧道构件等预制混凝土构件，并采用机械进行安装，也是现代化混凝土工程技术之一。预制构件的工厂化，更容易提高机械化水平，产品质量也更容易控制，现场装配施工速度快，施工周期短，工程可早日竣工投入使用，现场湿作业大大减少，且模板、支撑的使用也会大大减少，这些优点在现代化建设日益成熟，时间就是效益观念日益被人们重视的今天，显得尤为可贵。

当前，全国各级建设主管部门和相关建设企业正在全面认真贯彻落实中央城镇化工作会议与中央城市工作会议的各项部署。大力发展装配式建筑是绿色、循环与低碳发展的行业趋势，是提高绿色建筑和节能建筑建造水平的重要手段。受到当前国家建筑产业化政策的不断推进，全国装配式构件行业的火苗被重新点燃，并有发展成熊熊烈火之势。目前，装配式建造技术日益完善，机械装备水平不断提高，混凝土技术不断发展，未来还将会开发出许多新型、高品质、性能各异的预制混凝土构件产品服务于我国装配式建筑的发展。

6.2 预制混凝土构件行业发展现状

6.2.1 预制混凝土构件特点与生产工艺

相比于现浇混凝土构件，预制构件厂有稳定的生产条件，更规范的生产流程，因此构件质量更能得到保障。此外，通过智能化技术、机械化技术的流水线式批量生产，不但节省人工用量，还能提高生产效率，减少材料浪费和环境污染。

预制混凝土构件的生产工艺流程与现浇混凝土构件基本一致，总的来说，包括支模、绑扎钢筋、安装预埋件、浇筑混凝土、养护、拆模等。两者的区别在于预制混凝土构件的生产工艺更为标准化，生产流程中部分构件厂机械化程度高，且在养护环节构件厂通常采用蒸汽养护，因此，通过预制构件厂流水线生产出来的混凝土构件更能达到质量的稳定性。

6.2.2 预制混凝土构件分类

1. 根据预制构件安装工艺分类

根据预制构件安装工艺进行分类，可将预制混凝土构件分为装配整体式混凝土构件和预制装配式混凝土构件。

2. 根据构件特征和性能分类

根据构件特征和性能进行分类，可将预制混凝土构件分成表 6.1 所示 6 大类以及各类别相应的构件名称。

表 6.1 根据构件特征和性能对预制混凝土构件进行分类

类　别	构 件 名 称
预制柱	预制实心柱、预制空心柱
预制梁	预制实心梁、预制叠合梁、预制 U 形梁
预制墙板	预制剪力墙、预制外挂墙板
预制楼板	预制实心板、预制空心板、双 T 板、预制叠合板
预制楼梯	预制楼梯段、预制休息平台
其他功能性部品	预制飘窗、预制带飘窗外墙、预制阳台、预制转角外墙、预制整体厨房、预制整体卫生间、预制空调板等

3. 根据构件应用领域和部位分类

根据构件应用领域和部分进行分类，可将预制混凝土构件分为建筑预制构件、公路预制构件、铁路预制构件、市政预制构件和地基预制构件等。

6.2.3 我国预制混凝土构件企业概况

随着我国大力推广装配式建筑的深入发展，预制混凝土技术和产品的开发创新已成为近些年建筑技术创新的热点。据不完全统计，每年有近百家有规模和实力的科研、设计、施工、装备、材料等企业强势投资 PC 装配式行业，逐步在全国各地掀起了建设 PC 装配式构件生产工厂和发展装配式建筑的热潮。2017 年全国各地新建 PC 装配式构件生产线近百条；2018年全国新建PC装配式构件生产线近200条，新建预制工厂超过300家，全国设计规模在3万m^3以上的预制工厂已接近1000家；2019年又新增预制工厂近200个。

一方面是建筑工业化和装配式建筑的呼声越来越高，全国PC预制构件生产企业数量增长较快，但另一方面，装配式建筑在实施过程中也暴露出较多问题，加上预制构件生产企业本身也存在一些问题，都制约了PC预制构件企业的发展，主要的问题有：

（1）我国装配式建筑相关产业链的整合提升和软硬件建设尚未完成，工程建设、设计、施工、生产单位的从业人员职业化和专业化水平较低，对产业化技术管理能力和工程经验欠缺，造成工程实施过程中成本高、质量差、效率低的问题，甚至得出产业化不如传统施工好的结论。

（2）我国现行建筑管理体制还不适应产业化发展要求，建设主体条块分割问题造成责任和权利的交叉，工程统筹协调非常困难，建设或监理单位投入的人员和资源严重不足，对于产业化项目统筹协调管理能力非常欠缺，施工单位的专业化技术和管理水平无法满足新型建筑工业化要求。

（3）全国的预制构件工厂发展布局不均衡现象比较突出，预制工厂主要集中在东部大中城市，近期中西部大城市也开始建设PC预制构件工厂，总体来说建设速度过快，造成许多地方的工厂任务严重不足，而个别地区的工厂任务短期也存在饱和状态，工程建设的计划性差也严重影响预制工厂的运行效率和经营成果。

（4）预制构件企业的质量管理和观念意识淡薄，从业人员主要从施工和建材企业转化过来，缺乏现代工业化制造方面的训练和经验，而且管理方面的制度也不健全，导致许多工厂以包代管，虽然工厂数量增加，但产品的质量问题改善不大。

（5）新产品市场开发能力严重不足，许多企业根本不重视新产品研发和产品质量提升工作，目前只有部分有能力的成熟企业在做开发，广大中小企业只能依靠低价去争夺住宅构件市场。

（6）预制构件工厂投资有局部过剩的现象，产能和市场需求极不匹配，严重影响投资效率，未来会造成许多无效的重复投资问题。

6.2.4　预制混凝土构件产能情况

近些年，我国预制混凝土构件的生产能力逐年保持高速增长趋势。据已有数据显示，2010年我国预制混凝土构件的产能为1311万m^3，到了2016年底我国企业的预制混凝土构件年生产能力接近4000万m^3，年均复合增长率达20.18%。

6.2.5　预制混凝土构件生产技术及设备情况

多年以来，传统预制混凝土构件在生产技术及设备上基本无变化，只有如后张预应力桥梁构件增加了真空灌浆技术。但近些年随着装配式建筑的快速发展，新型预制混凝土构件在技术上进行了革新，并促进了相关仪器设备的研发与生产以满足新型构件的生产制作、运输和安装要求。

6.3　预制混凝土构件类型

根据构件特征和性能将预制混凝土构件分为预制柱、预制梁、预制墙板、预制楼板、预制楼梯和其他功能性部品共6大类，下面逐一进行介绍。

6.3.1 预制柱

装配式混凝土框架结构主要由预制柱、预制梁、预制板及其他功能性部品组成，构件之间一般通过整体式连接方式（如节点处现浇、利用灌浆套筒等），也有干法连接方式（如螺栓连接、焊接等）。

图 6.1 预制柱构件

预制柱（图 6.1）为柱类构件，采用工厂生产、现场安装的形式，主要承受竖向荷载，上下层预制柱竖向钢筋通过灌浆套筒连接。

预制柱有预制实心柱和预制空心柱两种形式。预制实心柱一端为预留钢筋接头，另一端为灌浆套筒。安装时，通过吊装设备将预制柱吊装至指定位置，使上层柱底的灌浆套筒套入下层柱顶的预留钢筋接头，然后通过灌浆形成可靠的连接节点，最终实现荷载的上下传递，如图 6.2 和图 6.3 所示。

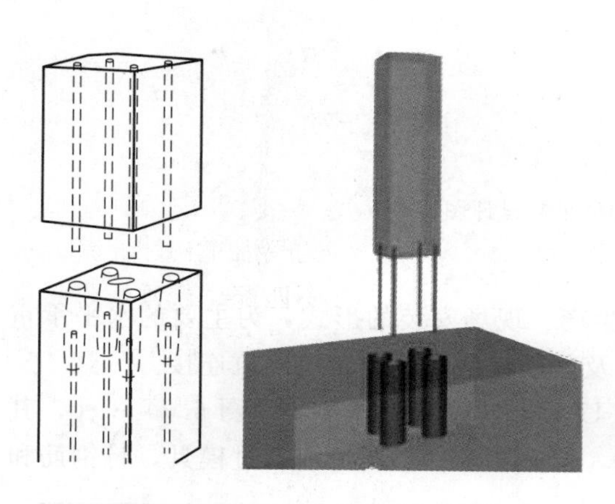

图 6.2 预制柱安装演示图

图 6.3 预制柱安装现场

预制空心柱采用的是模壳形式（图 6.4），内部放置由焊接箍筋网片和柱纵筋组成的焊接钢筋笼，柱四面在工厂浇筑混凝土形成预制构件，模壳既作为钢筋保护层参与受力又充当后浇筑混凝土模板。预制空心柱在施工现场通过可调组合钢筋连接套筒连接柱底纵筋，通过在柱空腔内焊接圆钢箍筋网片十字交点配专用吊带实现快速安装就位，在加快施工进度的同时保证施工质量，如图 6.5 所示。目前，预制空心柱在我国工程中还很少见，属于一种较新型的装配式混凝土叠合构件。

图 6.4 预制空心柱

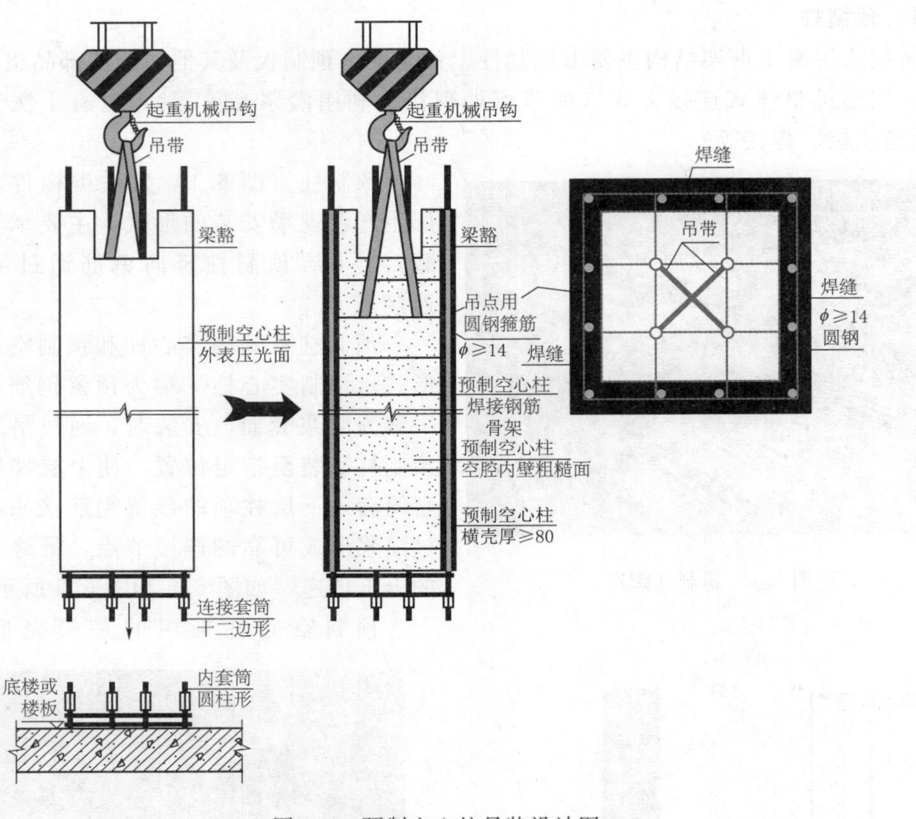

图6.5　预制空心柱吊装设计图

6.3.2　预制梁

预制梁（图6.6）为梁类构件，采用工厂生产、现场安装的形式，为主要的水平承重构件，通过预制梁外露钢筋、埋件等与叠合板及预制柱共同进行二次浇筑连接。

预制梁有预制实心梁、预制叠合梁及预制U形梁（主要用于桥梁，图6.7）3种，其中以预制叠合梁为最常见。以预制叠合梁为例，首先在构件预制厂内通过模具，将钢筋和

图6.6　预制梁

图6.7　预制U形梁

混凝土浇筑成型，并预留上部分钢筋作为连接节点；现场安装时，待预制楼板吊装在预制梁上后，完成上部钢筋绑扎，最后浇筑梁板上部混凝土，通过整体现浇的方式将梁、柱和楼板连接成整体，在如此施工技术下，预制构件间的连接节点与现浇体系下强度基本相同。

6.3.3 预制墙板

预制墙板就是在预制构件厂加工制成供装配式建筑用的混凝土板型构件，如图 6.8 所示。

由于在工厂内完成了混凝土的浇筑以及门窗框的安装，甚至保温层及外饰面也都可在工厂预制完成，在施工现场只需要固定安装以及节点处整体浇筑混凝土即可，因此预制混凝土墙板不仅大幅度减少了外窗渗漏的可能性，而且大大减少了现场施工工序，提高了效率。预制混凝土墙板根据是否为承重构件分为预制混凝土外挂墙板和预制剪力墙两种类型。

1. 预制混凝土外挂墙板

预制混凝土外挂墙板是指应用于外挂墙板系统中的非结构预制混凝土墙板构件，起到围护和装饰作用，简称外挂墙板。现行行业标准《预制混凝土外挂墙板应用技术标准》（JGJ/T 458—2018）对外挂墙板的承载能力、变形能力、适应主体结构位移能力、防水性能、防火性能等均提出了相关要求。根据组成材质和结构构造的不同，目前研究应用的外挂墙板主要有清水混凝土外挂板、泡沫混凝土外挂板、蒸压加气混凝土外挂板、轻集料混凝土外挂板、复合保温外挂墙板等。

（1）清水混凝土外挂板。清水混凝土是混凝土材料中高级的表达形式，不需二次装饰，显示一种本质美感。清水混凝土挂板一次成型，有利于保护环境，如图 6.9 所示。

图 6.8 预制墙板

图 6.9 清水混凝土外挂板

（2）泡沫混凝土外挂板。泡沫混凝土由水泥浆和砂制成，通过不同的发泡方式，产生疏松多孔的内部结构，其不含粗骨料，可归类于轻质混凝土。

（3）蒸压加气混凝土外挂板。蒸压加气混凝土是一种多孔轻质材料，容重约为 400～650kg/m^3，其抗拉强度和抗压强度都较低，在均匀荷载作用下的破坏形态、裂缝开展、开裂荷载计算等都不同于普通混凝土。

（4）轻集料混凝土外挂板。轻集料混凝土包括天然轻集料混凝土、人造轻集料混凝

图 6.10　复合保温外挂墙板

土、工业废料轻集料混凝土，混凝土密度在 1550～1950kg/m³，具有轻质、保温、隔热、耐火等性能。

（5）复合保温外挂墙板。复合保温外挂墙板简称“三明治墙板”，由内外叶板夹保温层构成，通过改变保温层厚度来满足不同的节能要求，如图 6.10 所示。三明治墙板实现了多道施工程序一体化、轻质高强的材料性能要求和板型设计是大范围推广应用的关键因素。

2. 预制剪力墙

剪力墙又称抗风墙、抗震墙或结构墙，房屋或构筑物中主要承受风荷载或地震作用引起的水平荷载和竖向荷载（重力）的墙体，防止结构剪切（受剪）破坏。预制混凝土剪力墙是在预制工厂或现场预先制作完成的墙板构件，然后在现场通过后浇混凝土、水泥基灌浆料等可靠的连接方式形成整体的混凝土剪力墙结构。值得一提的是，装配式混凝土剪力墙结构是近年来我国应用最多、发展最快的装配式混凝土结构技术。

目前我国工程中常用的预制剪力墙构件主要有全预制剪力墙、夹心保温剪力墙、双面叠合剪力墙、单面叠合剪力墙。

（1）全预制剪力墙。全预制剪力墙（图 6.11）是在预制构件厂或现场通过完全预制的方式完成剪力墙板的浇筑。现场安装时，竖向构件之间通过浆锚进行连接，水平构件之间通过预留钢筋现浇的形式进行连接，平面处及转角处的连接如图 6.12 所示。

（2）夹心保温剪力墙。夹心保温剪力墙由内而外分别为内叶混凝土剪力墙、夹心保温层和外叶混凝土墙板，三者之间通过金属连接件等进行连接，这是预制剪力墙中最常见的一种构件类型，如图 6.13 所示，中间蓝色一层即为夹心保温层。

图 6.11　全预制剪力墙

其中，夹心保温剪力墙的内叶混凝土剪力墙板作为主受力构件按照设计要求进行配筋。外叶混凝土墙板则主要用于装饰建筑外立面效果，有时可采用彩色混凝土，或采用特殊的表面纹路，还可在外叶混凝土墙板上做干粘石、水刷石或镶贴陶瓷锦砖（马赛克）、面砖等装饰效果。保温材料通过保温连接件夹在内外叶混凝土墙板内，由于混凝土的热惰性，内叶混凝土墙板成为一个恒温的蓄能体，中间的保温层成为一个热的绝缘层，延缓热量传过建筑墙板。与现浇剪力墙相比，夹心保温剪力墙在现场施工时无需再做外墙保温，简化了施工步骤，且墙体保温材料置于中间，能有效地防止火灾、外部侵蚀环境等不利因素对保温材料的破坏，抗火性能与耐久性能良好，使保温层可做到与结构同寿命，几乎不用维修。

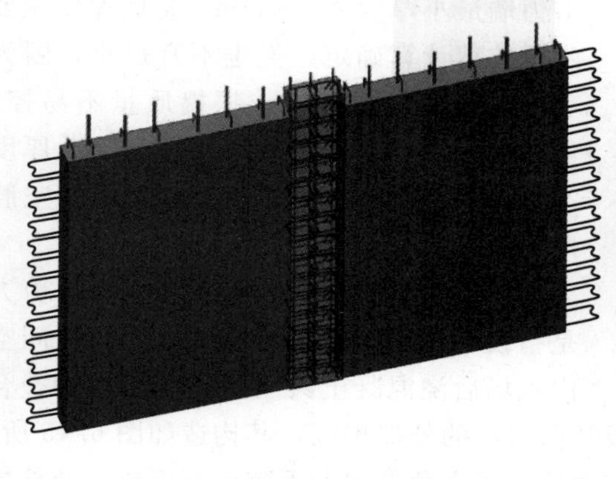

（a）平面处连接

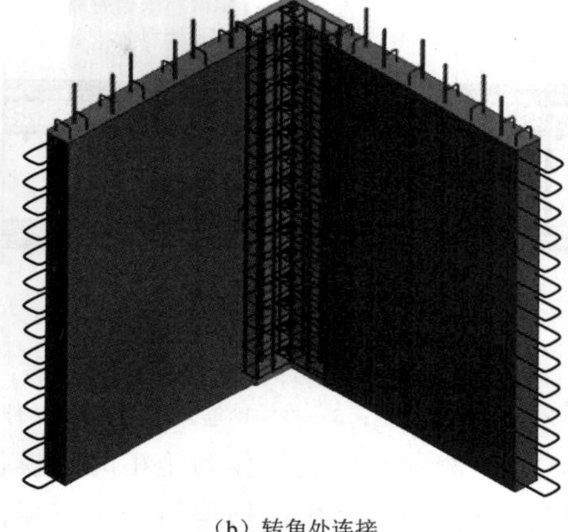

（b）转角处连接

图 6.12 全预制剪力墙的连接

图 6.13 夹心保温剪力墙

（3）双面叠合剪力墙。双面叠合剪力墙从厚度方向划分为3层，内外两侧预制，通过桁架钢筋连接，中间是空腔，现场浇筑自密实混凝土，如图 6.14 所示。

现场安装就位后，上下构件的竖向钢筋和左右构件的水平钢筋在空腔内布置、搭接，然后浇筑混凝土形成实心墙体。双面叠合剪力墙不需要套筒或浆锚连接，具有整体性好、板的两面光洁的特点。双面叠合剪力墙综合了预制结构施工进度快及现浇结构整体性好的优点，预制部分不仅大范围的取代了现浇部分的模板，而且为剪力墙结构提供了一定的结构强度，还能为结构施工提供操作平台，减轻支撑体系的压力。

双面叠合剪力墙体总厚度为内外墙体单页厚度之和加中间空腔厚度。其中，内外叶预制墙体单页厚度应不小于 50mm，空腔厚度应不小于 100mm，因此双面叠合

图 6.14 双面叠合剪力墙

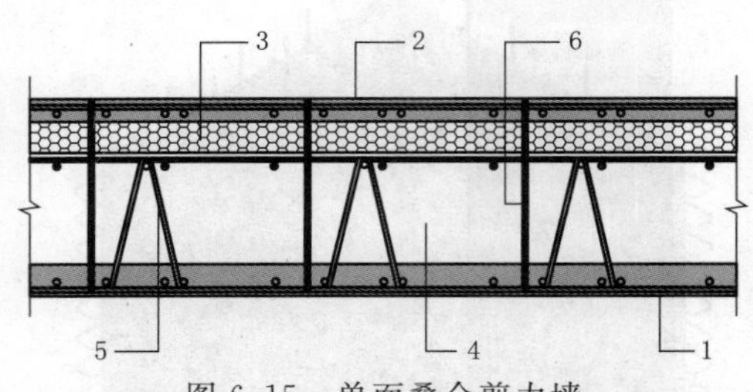

图 6.15　单面叠合剪力墙

1—内叶预制墙板；2—外叶预制墙板；3—保温板；4—现场后浇混凝土；5—格构钢筋；6—保温拉结件

剪力墙最小厚度为200mm。空腔厚度主要由水平抗剪计算确定，但也不宜过小，因为过小的空腔会导致混凝土振捣质量不易控制。例如沈阳保利云禧工程双面叠合墙总厚度为250mm，内外叶墙选用60mm，中间空腔选用130mm。

(4) 单面叠合剪力墙。单面叠合剪力墙是指仅单侧预制墙板参与叠合，与中间空腔内现场后浇混凝土共同受力而形成的叠合剪力墙，另一侧预制墙板仅作为施工时的模板及保温层的外保护板，其构造如图6.15所示。

单面叠合剪力墙中的格构钢筋由三根截面成等腰三角形的上下弦钢筋组成，弦杆之间有斜向腹筋相连，如图6.16所示。格构钢筋的主要作用是连接预制叠合墙板和现浇部分，增强单面叠合剪力墙的整体性，同时保证预制墙板在制作、吊装、运输及现场施工时有足够的强度和刚度，避免损坏、开裂。

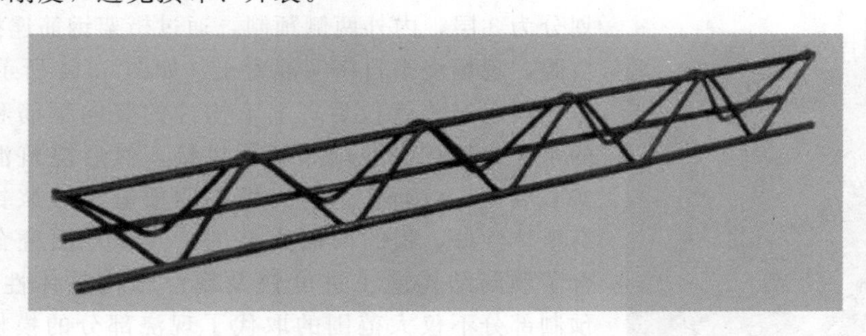
图 6.16　单面叠合剪力墙中的格构钢筋

6.3.4　预制楼板

预制楼板是装配式建筑最主要的预制水平结构构件。预制楼板的使用可以减少施工现场支护模板的工作量，节省人工和周转材料，具有良好的经济性，是装配式混凝土建筑降低造价、加快工期、保证质量的重要措施。预制楼板的生产效率高，安装速度快，能创造显著的经济效益。根据制作工艺及施工方式的不同，可将预制楼板分为预制实心板、预制空心板、双T板以及预制叠合板等。

(1) 预制实心板。预制实心板就是在预制工厂或现场预先绑扎好钢筋并浇筑混凝土形成板型构件，然后运到现场通过在连接节点处现浇混凝土来拼装成整块楼板，如图6.17所示。

(2) 预制空心板。预制空心板目前已基本形成标准构件在建筑市场流通使用。构件内设一个或几个纵向孔道，以节省材料并减轻重量，长度一般不超过4200mm，宽度最常见的有400mm（四孔）和500mm（五孔）两种，厚度一般为120～240mm厚。如图6.18所示即为预制空心板构件。

预制空心板比预制实心板轻约35%，安装时不需要任何支撑，表面也不需要现浇混凝土，故施工没有湿作业。快速的安装不仅缩短了施工时间，也节约了成本。底层光滑的

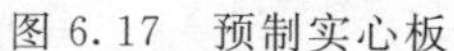

图 6.17 预制实心板

图 6.18 预制空心板

表面在装配到位、节点勾缝完之后无需再次找平，涂一层涂料即可，节约了后续装修的成本。

(3) 双 T 板。双 T 板是板、梁结合的预制钢筋混凝土承载构件，由宽大的面板和两根窄而高的肋组成（图 6.19），其面板既是横向承重结构，又是纵向承重肋的受压区。

双 T 板受压区截面较大，中和轴接近或进入面板，受拉主钢筋有较大的力臂，所以双 T 板具有良好的结构力学性能，明确的传力层次，简洁的几何形状，是一种可制成大跨度、大覆盖面积和比较经济的承载构件。双 T 板屋盖有等截面和双坡变截面两种，前者也可用于墙板。预应力双 T 板跨度可达 20m 以上，如用高强轻质混凝土则可达 30m 以上。双 T 板的板面宽度常取 1.2～3.0m，肋距约为板面宽的一半，肋底宽不小于 10cm，等截面的肋高为 0.3～0.8m，变截面的跨中肋高为 1.0～1.5m。

图 6.19 双 T 板

在单层、多层和高层建筑中，双 T 板可以直接搁置在框架、梁或承重墙上，作为楼层或屋盖结构。在单层工业厂房中，双 T 板用作屋面板，可横向搁置于托梁或承重墙上，也可纵向搁置于屋架梁上。双 T 板适用于较大跨度，厂房可选用较大的跨度或柱网，借以取得较好的技术经济效果。

(4) 预制叠合板。预制叠合板是由预制板和现浇钢筋混凝土层叠合而成的装配整体式楼板。预制叠合楼板整体性好，板的上下表面平整，便于饰面层装修，适用于对整体刚度要求较高的高层建筑和大开间建筑，如图 6.20 所示。

预制叠合板跨度一般为 4～6m，最大跨度可达 9m。叠合板的上部分是现浇混凝土层，其厚度因楼板的跨度大小而异，但至少应与下部预制薄板的厚度相等，下半部预制薄板的最小厚度为 5～6cm，最厚 7cm，二次浇筑完成的混凝土楼板总厚度在 12～30cm 之间。伸出预制混凝土层的桁架钢筋和粗糙的混凝土表面保证了叠合楼板预制部分与现浇部分能有效结合成整体。

6.3.5　预制楼梯

预制混凝土楼梯是将楼梯分成休息板、楼梯梁、楼梯段三个部分。将构件在加工厂或施工现场进行预制，施工时将预制构件进行装配、焊接。预制楼梯根据构件尺度不同分为大型预制楼梯、中型预制楼梯和小型预制楼梯 3 类。

（1）大型预制楼梯。大型预制钢筋混凝土楼梯是将楼梯梁平台预制成一个构件，如图 6.21 所示，其断面可做成板式或空心板式、双梁槽板式或单梁式。这种楼梯主要用于工业化程度高、专用体系的大型装配式建筑中，或用于建筑平面设计和结构布置有特别需要的场所。

图 6.20　预制叠合板

图 6.21　大型预制楼梯

（2）中型预制楼梯。中型预制钢筋混凝土楼梯一般以楼梯段和平台各作为一个构件装配而成。

楼梯段有板式和梁板式两种。板式梯段有实心和空心之分，实心板自重较大；空心板可纵向或横向抽孔，纵向抽孔厚度较大，横向抽孔孔形可以是圆形或三角形。

平台可用一般楼板，另设平台梁。这种做法增加了构件的类型和吊装的次数，但平台的宽度变化灵活。平台板可和平台梁结合成一个构件，一般采用槽形板，为了地面平整，也可用空心板，但厚度需较大，现已较少采用。

（3）小型预制楼梯。小型预制钢筋混凝土楼梯的主要特点是构件小而轻，易制作，但施工繁而慢，湿作业多，耗费人力，适用于施工条件较差的地区。

6.3.6　其他功能性部品

在装配式建筑中，还有一些预制混凝土部品，它们是模块单元体，在工厂内制作生产并提前组装，然后整体运到施工现场直接进行装配，十分便捷且能控制好质量。目前，常用的其他功能性部品主要有预制飘窗、预制带飘窗外墙、预制阳台、预制转角外墙、预制整体厨房、预制整体卫生间、预制空调板等。下面选择预制阳台和预制整体厨房作为典型部品进行介绍。

（1）预制阳台。预制阳台（图 6.22）连接了室内外空间，集成了多种功能。传统阳台结构一般为挑梁式、挑板式现浇钢筋混凝土结构，现场施工量大、工期长。随着一体化阳台概念的发展，预制阳台集成了发电、集热等越来越多的功能，预制阳台部品的施工模式将成为主流。

依据预制程度将预制阳台划分为叠合阳台和全预制阳台。预制生产的方式能够完成阳台所必需的功能属性，并且二维化的预制过程相比于三维化的现场制作，更能够简单快速地实现阳台的造型艺术，大大降低了现场施工作业的难度，减少了不必要的作业量。

(2) 预制整体厨房。整体厨房的概念是从欧洲引进的，1997 年在中国才形成市场。传统的厨房施工需要多工种的配合，包括防水、管道、地面砖、面砖、水电、吊顶、洗手台等，灶具、油烟机等设备还需分散购买，十分麻烦。假如防水工序质量不佳，还会引起渗漏水的质量通病。

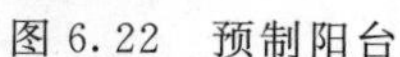

图 6.22 预制阳台

图 6.23 预制整体厨房

相对于传统的厨房，整体厨房作为一个整体具有厨房的所有功能。预制整体厨房采用工厂预制相关围护构件并做好保温、防水等构造措施，同时集中采购相关设备，最后在现场组装成集厨房墙板、面砖、地面砖、水电管线、吊顶、橱柜、厨房电器、灶具于一体，有机地将厨房内的各类设备和各专业工种如修建、给排水、通风、燃气、电气等专业管线连接起来，同时又具有美化环境的时尚体现，如图 6.23 所示。由于采用工厂预制的方式，预制整体式厨房于现场只需采用干法施工，效率极高，可以做到当天安装，当天使用，大大缩短施工周期。

6.4 预制混凝土构件生产设施

由于预制混凝土构件的类型、形状、尺寸各不相同，因而其所需的设施也不相同，在施工方法上同样存在差异，甚至相同构件在不同预制厂也有不同的生产方式。因此，建设单位和施工方应选择最适合本工程的预制构件生产企业。

预制构件工厂化生产，这里所谓的“工厂化”，是指绝大多数情况下预制构件在构件厂内生产，即在某一地点持续进行生产（图 6.24），但有时也会因为场地、运输等问题在施工现场或附近场地生产，然后直接吊装到建筑物的指定位置（图 6.25）。不管采用何种方式，预制构件生产企业所制作的预制混凝土构件都应满足设计及施工上的各种质量要求，并具有相应的生产和质量管理能力。尽量选用自动化程度高的机械设备，对相关操作、制作人员必须做好专业技术培训，确保他们熟练掌握设施设备的使用及保养方法，熟悉相关技术规范等。在进行相关生产设备布置时，应先做好统筹规划，充分考虑场地及空间条件，尽量减少材料及预制构配件的搬运调配，降低成本。

6.4.1　预制构件生产设备

图 6.24　预制构件厂内生产

20世纪60年代到70年代，随着人们生活水平的提高，西方发达国家的工程建造行业出现了人工紧缺的问题，这一现状推动人们开始大力研发机械设备来代替人工进行生产建造。借鉴汽车等工业产品流水线式生产模式，欧洲一些制造业强国首先开始研发制作机械化设备来实现建筑的工业化生产，德国、意大利、西班牙等国家开始出现了专门制造预制构件生产流水线设备的企业。用机械代替人工实现建筑工程工业化的思想逐步在全世界开始流行。经过近60年的发展，大部分发达国家已经实现了由传统手工支模、绑扎钢筋、浇筑混凝土、拆模、养护到全智能机械一体化生产模式，不仅构件质量得到提升，建造效率也得到极大提高。其中，德国作为传统的制造业强国，首先提出了建筑的工业化思路，国内一批国际领先的设备制造企业也积极探索相关设备的生产制作，为推动建筑工业化的发展提供了巨大的贡献。

图 6.25　施工现场生产预制构件

由于我国装配式建筑起步就比较晚，加上之后一段很长的时间现浇混凝土占据了绝对主导地位，预制构件行业几乎处于停滞状态。随着近几年装配式建筑的大力推广，加上高铁行业的快速建设（高铁行业中的轨枕就是一种预制混凝土构件），国内部分企业逐步开始通过国外引进或自主研发的方式布置预制构件生产流水线，预制构件生产行业正如火如荼地在国内各地发展起来。

预制构件生产线按生产内容（构件类型）可分为：外墙板生产线、内墙板生产线、叠合板生产线、预应力叠合板生产线、梁、柱、楼梯、阳台生产线等。

预制构件生产线按流水生产类型（模台和作业设备关系）可分为：环形流水生产线、固定生产线（包含长线模台和固定模台）、中央移动台生产线。

1. 环形流水生产线

环形流水生产线一般采用水平循环流水方式，采用封闭连续的按节拍生产的工艺流程，可生产外墙板、内墙板和叠合板等板类构件。采用环形流水作业的循环模式，经布料机把混凝土浇筑在模具内，接着预制构件前往振动台振捣后运往养护箱内进行集中养护，等构件强度满足设计要求时再进行拆模处理的生产工艺，拆模后的预制混凝土构件通过成品运输车运输至堆场，而空模台沿输送线自动返回开始下一个循环作业，形成环形流水作业的循环模式。

环形生产线按照预制混凝土构件的生产流程进行布置，生产工艺主要由以下部分构成：清理作业、喷油作业、绑扎钢筋、固定调整边模、顶埋件安装、浇筑混凝土、振捣、面层刮平作业（或面层拉毛作业）、预养护、面层抹光作业、码垛、养护、拆模作业、翻转作业等。

典型的预制混凝土构件环形生产线布置如图 6.26 所示。其主要包含以下设备：模台清理机、脱模剂喷涂机、混凝土布料机、振动台、预养护窑、面层赶平机、拉毛装置、抹光机、立体养护窑、翻转机、摆渡车、支撑装置、驱动装置、钢筋运输、构件运输车等。环形生产线根据生产构件类型的不同，在工位布置上会有一定的变化，但其整体思路都是一种封闭连续的环形布置。

2. 固定生产线

图 6.26 预制混凝土构件环形流水生产线

固定生产线可分为长线模台生产线和固定模台生产线，其基本思路均为采用模台固定、作业机械设备移动的方式进行生产。长线模台生产线（图 6.27）适用于生产厚度较小但长度较大的构件和先张法预应力钢筋混凝土构件，如空心楼板、槽形板、双 T 板、工形板，台座一般长 100m 以上，用混凝土或钢筋混凝土浇筑而成。固定模台生产线（图 6.28）则是指所有的生产模台按一定距离进行布置，每张模台均独立作业，适用于生产柱、梁、楼板、墙板、楼梯、飘窗、阳台板、转角构件等各式构件，适用范围广，灵活方便，适应性强，启动资金少，是目前国内应用较广的工艺。

图 6.27 长线模台生产线

图 6.28 固定模台生产线

3. 中央移动台生产线

在预制混凝土构件的加工工艺中，不论采用的是环形流水生产线还是固定模台生产线，有些工序如人工的装边模板、装钢筋、装预埋件、装保温层等通常需要较多的工位用时，这些工序往往会成为瓶颈制约整个生产流程，造成部分机械设备空闲时间较长，从而影响产能。对于环形流水生产线，假如流水线上的某个环节出现问题，如某台机械设备出现故障，则会造成整条流水线停工，只有等问题解决后才能继续运行。

针对以上问题，中央移动台生产线应运而生。简言之，这是一种基于固定的工位、设备和灵活的中央摆渡车来实现模台在各工位之间的流转运行，并根据各种构件的自有工序和生产节奏，灵活管理生产过程的一种预制混凝土构件生产解决方案。

中央移动台生产线的基本思路是：为了不影响流水线的生产节拍，将人工作业及作业用时较长的某个工序从流水作业中分离出来，设置独立的工作区，该工序完成后可随时加入流水线中，不占用流水线的循环时间，保证整条流水线的生产节拍，需要设备作业完成的工序仍保留流水作业的方式，不影响生产效率，如图 6.29 所示。

中央移动台生产线的独立工作区和整条流水线类似于半成品分厂和总厂的关系，因此可根据场地的实际情况灵活布置，工艺设计的弹性更大，具有多种变形，对生产的构件类型适应性更强。

6.4.2　预制构件模具

预制构件的模具应采用移动式或固定式钢底模，侧模宜采用型钢或铝合金型材，也可根据具体要求采用其他材料，如图 6.30 所示。模具设计应遵循用料轻量化、操作简便化、应用模块化的设计原则，并应根据预制构件的生产数量、生产工艺及技术要求、模具周转次数、通用性等相关条件确定模具设计和加工方案。

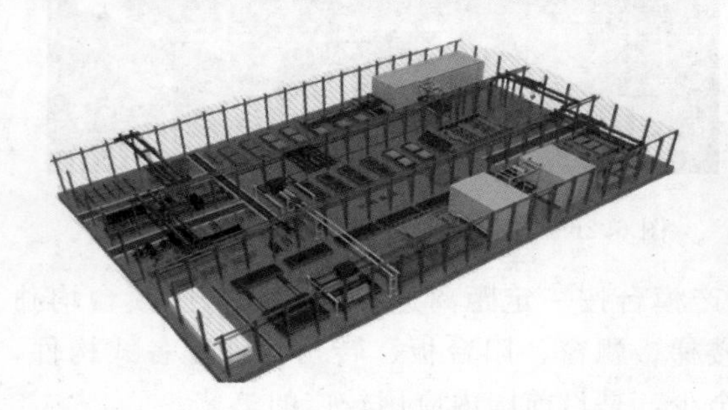

图 6.29　中央移动台生产线

图 6.30　预制混凝土构件钢模具

模板、模具及相关设施应具有足够的承载力、刚度和整体稳固性，并应满足预埋管线、预留孔洞、插筋、吊件、固定件等的定位要求。模具构造应满足钢筋入模、混凝土浇捣、养护和便于脱模等要求，并便于清理和隔离剂的涂刷。模具堆放场地应平整坚实，并应有排水措施，避免模具变形及锈蚀。

6.5　预制混凝土构件制作流程

6.5.1　施工图深化设计

预制构件制作前应先进行建筑施工图设计及构件拆解设计，即施工图的深化设计。首先应遵循国家现行设计规范进行设计，达到施工图深度，预制构件生产企业应参与施工图纸会审，并提出相关意见。接着一般由建筑设计单位或专业的第三方单位进行预制构件拆解设计，由于工作量大、图纸多，并涉及多个专业，因此这是一项复杂但又非常重要的生产前准备工作之一。深化设计应按照建筑结构特点和预制构件生产工艺的要求，将建筑物拆分为独立的构件单元，设计过程中重点考虑构件连接构造、水电管线预埋、门窗及其他埋件的预埋、吊装及施工必需的预埋件、预留孔洞等，同时要考虑方便模具加工和构件生产效率，现场施工吊运能力限制等因素。一般每个构件均应有独立的构件平立剖面图、配筋图、预留预埋件图、装饰效果图，个别情况需要制作三维视图。

图 6.31 模具三维图

完成构件拆分设计之后，进行模具设计。由机械设计工程师根据拆解的构件单元设计图进行模具设计，模具多数为组合式台式钢模具。模具应具有必要的刚度和精度，既要方便组合以保证生产效率，又要便于构件成型后的拆模和构件翻身。模具设计图一般包括平台制作图、边模制作图、零配件图、模具组合图，复杂模具还应包括总体或局部的三维图纸（图 6.31）。

6.5.2 预制混凝土构件的制作

不同种类构件的制作流程大体相同，下面以利用固定台模生产线制作夹心保温剪力墙、利用环形流水生产线制作叠合楼板两个生产过程为例，讲解预制混凝土构件的制作流程。

1. 固定台模生产线制作夹心保温剪力墙

利用固定台模生产线制作夹心保温剪力墙的制作工艺流程如图 6.32 所示。

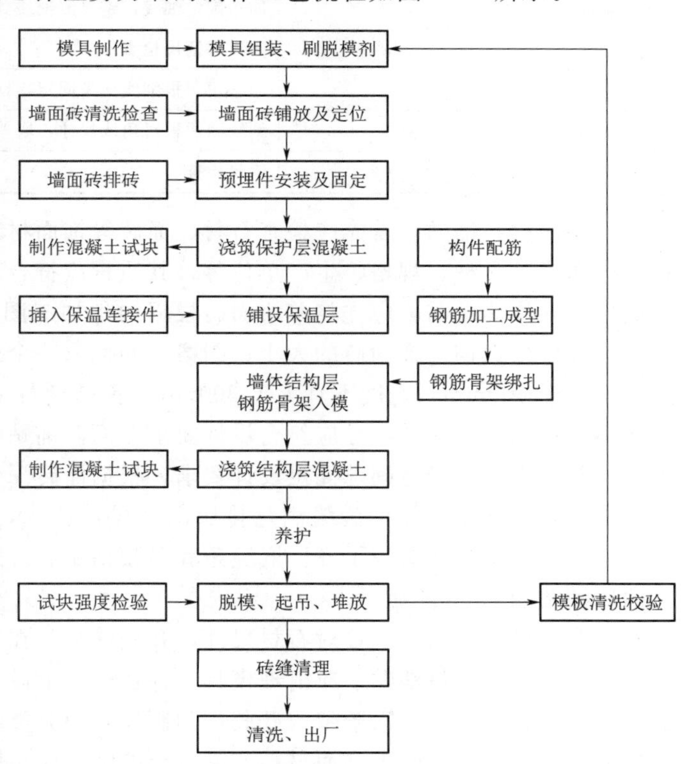

图 6.32 夹心保温剪力墙制作工艺流程

（1）模具组装。“模具是制造业之母”，模具的好坏直接决定了构件产品质量的好坏和生产安装的质量和效率。预制构件模具的制造关键是“精度”，包括尺寸的误差精度、预留孔等的安装定位精度、焊接工艺水平、模具边楞的打磨光滑程度等。此外，模具还应具备足够的强度、刚度及整体稳定性。模具组装应牢固可靠、尺寸准确、拼缝严密、不漏浆，模板组装就位时，要保证底模表面平整度，以保证构件表面平整度符合规定要求。模板与模板之间，帮板与底模之间的连接螺栓必须齐全、拧紧，模板组装时应注意将销钉敲紧，控制侧模定位精度。模板接缝处用原子灰嵌塞抹平后再用细砂纸打

图6.33　组装好的夹心保温剪力墙模具

磨，组装好的模具如图6.33所示。

模具组装好后应严格按照要求涂刷脱模剂或水洗剂，脱模剂可采用柴机油混合型，为避免污染墙面砖，模板表面刷一遍脱模剂后再用棉纱均匀擦拭两遍，形成均匀的薄层油膜，见亮不见油，注意尽量避开放置橡胶垫块处，该部位可先用胶带纸遮住。预制构件的质量和精度是保证建筑质量的基础，也是预制装配整体式建筑施工的关键工序之一，为了保证构件质量和精度，必须采用专用的模具进行构件生产，预制构件生产前应对模具进行检查验收，设计要求应符合表6.2的规定。

表6.2　模具组装允许偏差表

测定部位	允许偏差/mm	检验方法
边长	±2	钢尺四边测量
板厚	±1	钢尺测量，取两边平均值
扭曲	2	四角用两根细线交叉固定，钢尺测中心点高度
翘曲	3	四角固定细线，钢尺测细线到钢模边距离，取最大值
表面凹凸	2	靠尺和塞尺检查
弯曲	2	四角用两根细线交叉固定，钢尺测细线到钢模边距离
对角线误差	2	细线测两根对角线尺寸，取差值
预埋件	±2	钢尺检查

（2）饰面材料铺贴。首先应检查石材、面砖等饰面材料必须具有产品合格证及出厂检验报告，明确其品种、规格、生产单位等，其质量应符合现行有关标准的规定。

面砖在入模铺设前，应先将单块面砖根据构件加工图的要求分片制成定型砖模套件。套件的尺寸应根据构件饰面砖的大小、图案、颜色取一个或若干个单元组成，每块套件的长度不宜大于600mm，宽度不宜大于300mm。面砖套件应在定型的套件模具中制作，套件的图案、排列、色泽和尺寸应符合设计要求。面砖铺贴时先在底模上弹出砖缝中线，然后铺设面砖，为保证接缝间隙满足设计要求，根据面砖深化图进行排版。面砖定位后，在砖缝内采用胶条粘贴，保证砖缝满足排版图及设计要求，面砖套件的薄膜粘贴不得有褶皱，不应伸出面砖，端头应平齐。嵌缝条和薄膜粘贴后应采用专用工具沿接缝将嵌缝条压实。面砖铺贴如图6.34所示。

石材在入模铺设前，应校对石材尺寸，并提前24h在石材背面涂刷处理剂并安装锚固拉钩。面砖套件、石材铺贴前应清理模具，并在模具上设置安装控制线，按控制线固定和校正铺贴位置，可采用双面胶带或硅胶按预制加工图分类编号铺贴。

铺贴时，石材和面砖等饰面材料与混凝土的结合应牢固。石材等饰面材料与混凝土之间连接件的耳钩、锚栓等的数量、位置和防腐处理必须符合设计要求。

图 6.34 面砖铺贴

对于涂料饰面的构件表面应平整、光滑，棱角、线槽应顺畅，对于大于1mm的气孔应进行填充修补。

外墙饰面砖、石材粘贴的允许偏差应符合表6.3的规定。

(3) 保温材料铺设。带保温材料的预制构件宜采用平模工艺成型，生产时应先浇筑外叶混凝土层，再安装保温材料和连接件，最后成型内叶混凝土层，如图6.35所示，外叶混凝土层可采用平板振动器适当振捣。当采用立模工艺生产时应同步浇筑内外叶混凝土层，生产时应采取可靠措施保证内外叶混凝土厚度、保温材料及连接件的位置准确。

表 6.3 外墙饰面砖、石材粘贴允许偏差表

项次	项 目	允许偏差/mm	检 验 方 法
1	表面平整度	2	2m靠尺和塞尺检查
2	阳角方正	2	2m靠尺检查
3	上口平直	2	拉线，钢直尺检查
4	接缝平直	3	钢直尺和塞尺检查
5	接缝深度	1	
6	接缝宽度	1	钢直尺检查

铺放加气混凝土保温块时，表面要平整，缝隙要均匀，严禁用碎块填塞。在常温下铺放时，铺前要浇水润湿，低温时铺后要喷水，冬季可干铺。泡沫聚苯乙烯保温条，事先按设计尺寸裁剪。排放板缝部位的泡沫聚苯乙烯保温条时，入模固定位置要准确，拼缝要严密，操作要有专人负责。

图 6.35 安装保温材料

(4) 钢筋绑扎及预埋件、预埋孔、门窗框设置。钢筋加工和绑扎工序类似于传统工艺，但应严格保证加工尺寸和绑扎精度，有条件时可采用数控钢筋加工设备。构件钢筋在模具内的保护层厚度应进行严格控制，采用塑料钢筋马凳控制钢筋的保护层厚度，如图6.36所示。

钢筋绑扎好之后，开始进行预埋件、预埋孔的设置。预埋钢结构构件、连接用钢材、连接用机械式接头部件和预留孔洞的数量、规格、位置、安装方式等均应符合设计规定。预埋件应固定在模具或支架上，固定措施需可靠，预留孔洞应采用孔洞模具的方式并加以

固定。预埋螺栓和铁件应采取固定措施保证其不偏移，对于套筒埋件应注意其定位。预埋件安装如图6.37所示，预埋件、预留孔和预留洞的安装位置的偏差应符合表6.4的规定。如墙板构件需安装门窗，则门窗框在构件制作、驳运、堆放、安装过程中，应进行包裹或遮挡。预制构件的门窗框应在浇筑混凝土前预先放置于模具中，位置应符合设计要求，并应在模具上设置限位框或限位件进行可靠固定。门窗框的品种、规格、尺寸、相关物理性能和开启方向、型材壁厚和连接方式等应符合设计要求。门窗框安装位置应逐件检验，允许偏差应符合表6.5的规定。

图6.36　钢筋绑扎

图6.37　预埋件设置

表6.4　**预埋件和预留孔洞的安装允许偏差和检验方法**

项　目		允许偏差/mm	检验方法
预埋钢板	中心线位置	5	钢尺检查
	安装平整度	2	靠尺和塞尺检查
预埋管、预留孔中心线位置		5	钢尺检查
插筋	中心线位置	5	钢尺检查
	外露长度	±8	钢尺检查
预埋吊环	中心线位置	10	钢尺检查

表6.5　**门框和窗框安装允许偏差和检验方法**

项　目	允许偏差/mm	检验方法
锚固脚片　中心线位置	5	钢尺检查
外露长度	−5，0	钢尺检查
门窗框位置	±1.5	钢尺检查
门窗框高、宽	±1.5	钢尺检查
门窗框对角线	±1.5	钢尺检查
门窗框的平整度	1.5	靠尺检查

（5）混凝土浇筑。在混凝土浇筑成型前应进行预制构件的隐蔽工程验收，符合有关标准规定和设计文件要求后方可浇筑混凝土。

混凝土应按照设计配合比经过试配确定最终配合比，生产时严格控制水灰比和坍落度。浇筑和振捣应按照操作规程，防止漏振和过振。生产时应按照规定制作试块，并与构件同条件养护。

混凝土放料高度应小于500mm，并应均匀铺设，见图6.38所示。混凝土成型应振捣密实，振动器不应碰到钢筋骨架、面砖和预埋件。浇筑过程应连续进行，同时应观察模具、门窗框、预埋件是否有变形和移位，如有异常应及时采取补强和纠正措施。门框和窗框处混凝土应浇捣密实，其外露部分应有防污损措施。混凝土表面应及时用泥板抹平提浆，并对混凝土表面进行二次抹面。预制构件与后浇混凝土的结合面或叠合面应按设计要求制成粗糙面，粗糙面可采用拉毛或凿毛处理方法，也可采用化学和其他物理处理方法。预制构件混凝土浇筑完毕后应及时养护。

图6.38 混凝土浇筑

(6) 构件养护。预制构件的成型和养护宜在车间内进行，成型后蒸养可在生产模位上或养护窑内进行，如图6.39所示。预制构件采用自然养护时，应符合现行国家标准《混凝土结构工程施工规范》(GB 50666—2019)、《混凝土结构工程施工质量验收规范》(GB 50204—2015)的规定，如图6.40所示。

图6.39 养护窑

图6.40 预制构件自然养护

预制构件采用蒸汽养护时，宜采用自动蒸汽养护装置，并保证蒸汽管道通畅，养护区应无积水。蒸汽养护制度应分静停、升温、恒温和降温四个阶段，并应符合下列规定：混凝土全部浇捣完毕后静停时间不宜少于2h，升温速度不得大于15℃/h，恒温时最高温度不宜超过55℃，恒温时间不宜少于3h，降温速度不宜大于10℃/h。

(7) 构件脱模。预制构件停止蒸汽养护后，构件表面与环境温度的温差不宜高于20℃，并应根据模具结构的特点按照拆模顺序拆除模具，严禁使用振动模具方式拆模，如图6.41所示。

预制构件脱模起吊应符合下列规定：预制构件的起吊应在构件与模具间的连接部分完

图 6.41　构件脱模

全拆除后进行，预制构件脱模时，同条件混凝土立方体抗压强度应根据设计要求或生产条件确定，且不应小于 $15N/mm^2$，预应力混凝土构件脱模时，同条件混凝土立方体抗压强度不宜小于混凝土强度等级设计值的75%，预制构件吊点设置应满足平稳起吊的要求，宜改置4～6个吊点。

预制构件脱模后应对构件进行整修并应符合下列规定：在构件生产区域旁应设置专门的混凝土构件整修区域，对刚脱模的构件进行清理、质量检查和修补；对于各种类型的混凝土外观缺陷，构件生产单位应制定相应的修补方案，并配有相应的修补材料和工具；预制构件应在修补合格后再驳运至合格品堆放场地。

（8）构件标识。构件应在脱模起吊至整修堆场或平台时进行标识，标识的内容应包括工程名称、产品名称、型号、编号、生产日期等，构件待检查、修补合格后再标注合格章及工厂名，如图 6.42 所示。

图 6.42　预制构件标识

标识可标注于工厂和施工现场堆放、安装时容易辨识的位置，可由构件生产厂和施工单位协商确定。标识的颜色和文字大小、顺序应统一，宜采用喷涂或印章方式制作标识。

2. 环形流水线制作叠合楼板

本小节以叠合楼板为例，介绍利用环形流水线全自动制作构件的生产流程和工艺。利用以下生产设备及工艺制作的叠合楼板，混凝土强度等级要求高于 C30，然后到现场安装，通过设置必要的受力钢筋及构造钢筋，再现浇混凝土叠合层，与预制楼板成为一个整体共同受力，其受力性能与全现浇等高的钢筋混凝土楼板一致。

利用环形流水线制作叠合楼板的工艺流程如图 6.43 所示。

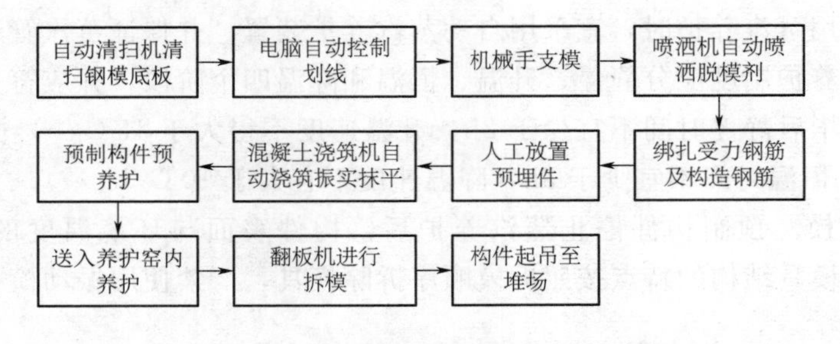

图 6.43　叠合楼板自动化生产制作流程

(1) 清扫模具。首先用过的钢模板通过自动清洁机器，板面上留下的残留物被处理干净，如图 6.44 所示，同时由专人检查板面清洁。

(2) 自动划线。全自动绘图仪收到主控电脑的数据后在清洁的钢模板上自动绘出预制构件的轮廓及预埋件（如线盒、安装件等）的位置，如图 6.45 所示。

图 6.44　清扫钢模具

图 6.45　自动划线

(3) 机械手支模。采用全自动的机械手系统，根据 CAD 数据，从磁性边模库中选择提取出必要的边模。机械手根据构件的尺寸，把磁性边模准确地定位到底模托盘的平面，激活边模内置的磁体，如图 6.46 所示。

(4) 喷洒脱模剂。支完模板后的钢模具被运送至流水线的下一工位，自动刷油机在钢模具面上均匀地喷洒一层脱模剂，如图 6.47 所示。

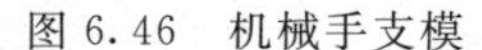

图 6.46　机械手支模

图 6.47　自动喷洒脱模剂

(5) 绑扎钢筋。利用钢筋自动加工生产线，根据图纸制作受力钢筋、箍筋、构造钢筋、钢筋桁架、钢筋网片等，如图 6.48 所示。之后按照生产详图上的间距尺寸，人工放置带有塑料垫块的钢筋（塑料垫块作用为保证达到设计要求的保护层厚度）。

(6) 人工放置预埋件。由于构件内预埋件种类及位置各不相同，因此，此步骤一般通过人工完成。工人严格按照构件生产详图放置预埋件并进行固定，如图 6.49 所示。确保预埋件数量、位置、尺寸均完全无误后方可进行下一道工序。

(7) 浇筑混凝土、振实、抹平。工人按照生产量清单输入搅拌混凝土的用量指令，混

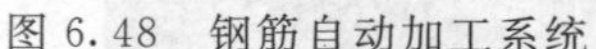

图 6.48 钢筋自动加工系统

图 6.49 人工放置预埋件

凝土搅拌设备从料场自动以传送带按混凝土等级要求和配比提取定量的水泥、砂、石子及外加剂进行搅拌，并用斗车将搅拌好的混凝土运送至钢模上方的混凝土自动浇筑机。混凝土自动浇筑机由人工控制，按用量进行浇筑，如图 6.50 所示。浇筑完毕后，启动钢模板下振动器进行振动密实，如图 6.51 所示。最后利用自动抹平机对构件表面混凝土进行抹平，如图 6.52 所示。

图 6.50 混凝土自动浇筑机

图 6.51 振动密实机

(8) 构件预养护。构件表面混凝土抹平之后，为提高构件质量及产量，通常在预制构件的成型过程中设置预养护步骤，通过外部热源加速混凝土构件表面的凝结速度，使之能短时间达到抹面效果，如图 6.53 所示。

(9) 送入养护窑内养护。将混凝土叠合楼板送入养护窑内进行养护，以养护空间换取养护时间，大幅度提高设备利用效率。一般为蒸汽养护 8h，可达到构件设计强度要求的 75%，如图 6.54 所示。

(10) 拆模。利用翻转台进行楼板构件的垂直脱模，如图 6.55 所示。也可直接采用拆模系统进行全自动拆模，提高效率，如图 6.56 所示。

(11) 起吊堆放。构件养护拆模完成后，成品预制构件被起吊设备吊装至厂区堆场，自然养护一天后即可直接运送到施工现场进行吊装，如图 6.57 所示。

图 6.52 自动抹平机

图 6.53 构件预养护

图 6.54 养护窑

图 6.55 翻转台拆模

图 6.56 全自动拆模系统

图 6.57 构件起吊堆放

6.6 预制混凝土构件质量检验

预制混凝土构件包括构件厂内的单体产品生产和工地现场装配两个大的环节，构件单体的材料、尺寸误差以及装配后的连接质量、尺寸偏差等在很大程度上决定了实际结构能否实现设计意图，因此预制构件质量控制问题尤为重要。现行国家标准《装配式混凝土建筑技术标准》（GB 51231—2016）中对预制混凝土构件质量检验给出了标准。

1. 外观质量检验

预制构件生产时应采取措施避免出现外观质量缺陷。外观质量缺陷根据其影响结构性能、安装和实用功能的严重程度，可按表6.6规定划分为严重缺陷和一般缺陷。

表6.6　　构件外观质量缺陷分类

缺陷名称	现　象	严重缺陷	一般缺陷
露筋	构件内钢筋未被混凝土包裹而外露	纵向受力钢筋有露筋	其他钢筋有少量露筋
蜂窝	混凝土表面缺少水泥砂浆面形成石子外露	构件主要受力部位有蜂窝	其他部位有少量蜂窝
孔洞	混凝土中孔穴深度和长度均超过保护层厚度	构件主要受力部位有孔洞	其他部位有少量孔洞
夹渣	混凝土中夹有杂物且深度超过保护层厚度	构件主要受力部位有夹渣	其他部位有少量夹渣
疏松	混凝土中局部不密实	构件主要受力部位有疏松	其他部位有少量疏松
裂缝	缝隙从混凝土表面延伸至混凝土内部	构件主要受力部位有影响结构性能或使用功能的裂缝	其他部位有少量不影响结构性能或使用功能的裂缝
连接部位缺陷	构件连接处混凝土缺陷及连接钢筋、连接件松动，插筋严重锈蚀、弯曲，灌浆套筒堵塞、偏位，灌浆孔洞堵塞、偏位、破损等缺陷	连接部位有影响结构传力性能的缺陷	连接部位有基本不影响结构传力性能的缺陷
外形缺陷	缺棱掉角、棱角不直、翘曲不平、飞出凸肋等，装饰面砖黏结不牢、表面不平、砖缝不顺直等	清水或具有装饰的混凝土构件内有影响使用功能或装饰效果的外形缺陷	其他混凝土构件有不影响使用功能的外形缺陷
外表缺陷	构件表面麻面、掉皮、起砂、沾污等	具有重要装饰效果的清水混凝土构件有外表缺陷	其他混凝土构件有不影响使用功能的外表缺陷

2. 外形尺寸检验

以预制墙板类构件为例，对预制构件的尺寸检测，主要检查包括墙体高度、宽度、厚度、对角线差、外形、预埋件、预留孔等。可采用激光测距仪、钢卷尺等对墙板的高、宽、洞口尺寸等进行尺寸测量。预制墙板类构件的外形尺寸允许偏差应符合表6.7的规定。

表 6.7　　　　预制墙板类构件外形尺寸允许偏差及检验方法

序号	检查项目			允许偏差/mm	检验方法
1	规格尺寸	高度		±4	用尺量两端及中间部，取其中偏差绝对值较大值
2	规格尺寸	宽度		±4	用尺量两端及中间部，取其中偏差绝对值较大值
3	规格尺寸	厚度		±3	用尺量板四角和四边中部位置共 8 处，取其中偏差绝对值较大值
4	对角线差			5	在构件表面，用尺量测两对角线的长度，取其绝对值的差值
5	外形	表面平整度	内表面	4	用 2m 靠尺安放在构件表面上，用楔形塞尺量测靠尺与表面之间的最大缝隙
			外表面	3	
6	外形	侧向弯曲		$L/1000$ 且 $\leqslant$20mm	拉线，钢尺量最大弯曲处
7	外形	扭翘		$L/1000$	四对角拉两条线，量测两线交点之间的距离，其值的 2 倍为扭翘值
8	预埋部件	预埋钢板	中心线位置偏移	5	用尺量测纵横两个方向的中心线位置，取其中较大值
			平面高差	0，−5	用尺紧靠在预埋件上，用楔形塞尺量测预埋件平面与混凝土面的最大缝隙
9	预埋部件	预埋螺栓	中心线位置偏移	2	用尺量测纵横两个方向的中心线位置，取其中较大值
			外露长度	+10，−5	用尺量
10	预埋部件	预埋套筒、螺母	中心线位置偏移	2	用尺量测纵横两个方向的中心线位置，取其中较大值
			平面高差	0，−5	用尺紧靠在预埋件上，用楔形塞尺量测预埋件平面与混凝土面的最大缝隙
11	预留孔	中心线位置偏移		5	用尺量测纵横两个方向的中心线位置，取其中较大值
		孔尺寸		±5	用尺量测纵横两个方向尺寸，取其最大值
12	预留洞	中心线位置偏移		5	用尺量测纵横两个方向的中心线位置，取其中较大值
		洞口尺寸、深度		±5	用尺量测纵横两个方向尺寸，取其最大值
13	预留插筋	中心线位置偏移		3	用尺量测纵横两个方向的中心线位置，取其中较大值
		外露长度		±5	用尺量
14	吊环、木砖	中心线位置偏移		10	用尺量测纵横两个方向的中心线位置，取其中较大值
		与构件表面混凝土高差		0，−10	用尺量

续表

序号	检查项目		允许偏差/mm	检验方法
15	键槽	中心线位置偏移	5	用尺量测纵横两个方向的中心线位置，取其中较大值
		长度、宽度	±5	用尺量
		深度	±5	用尺量
16	灌浆套筒及连接钢筋	灌浆套筒中心线位置	2	用尺量测纵横两个方向的中心线位置，取其中较大值
		连接钢筋中心线位置	2	用尺量测纵横两个方向的中心线位置，取其中较大值
		连接钢筋外露长度	+10，0	用尺量

6.7 预制混凝土构件吊运、存放及运输

6.7.1 预制混凝土构件吊运

预制混凝土构件吊运应符合下列规定：

图 6.58 分配梁

（1）应根据预制构件的形状、尺寸、重量和作业半径等要求选择吊具和起重设备，所采用的吊具和起重设备及其操作，应符合国家现行有关标准及产品应用技术手册的规定。

（2）吊点数量、位置应经计算确定，保证吊具连接可靠，应采取保证起重设备的主钩位置、吊具及构件重心在竖直方向上重合的措施。

（3）吊索水平夹角不宜小于60°，不应小于45°。

（4）应采用慢起、稳升、缓放的操作方式，吊运过程，应保持稳定，不得偏斜、摇摆和扭转，严禁吊装构件长时间悬停在空中。

（5）吊装大型构件、薄壁构件或形状复杂的构件时，应使用分配梁（图 6.58）或分配桁架类吊具，并应采取避免构件变形和损伤的临时加固措施。

6.7.2 预制混凝土构件存放

预制混凝土构件的存放应符合下列规定：

（1）存放场地应平整、坚实，并有排水措施。

（2）存放库区宜实行分区管理和信息化台账管理。

（3）应按照产品品种、规格型号、检验状态分类存放，产品标识应明确、耐久，预埋吊件应朝上，标识应向外。

（4）应合理设置垫块支点位置，确保预制构件存放稳定，支点宜与起吊点位置一致。

（5）与清水混凝土面接触的垫块应采取防污染措施。

（6）预制构件多层叠放时，每层构件间的垫块应上下对齐；预制楼板、叠合板、阳台板和空调板等构件宜平放，叠放层数不宜超过6层，如图6.59所示；长期存放时，应采取措施控制预应力构件起拱值和叠合板翘曲变形。

（7）预制柱、梁等细长构件宜平放且用两条垫木支撑。

（8）预制内外墙板、挂板宜采用专用支架直立存放，支架应有足够的强度和刚度，薄弱构件、构件薄弱部位和门窗洞口应采取防止变形开裂的临时加固措施，如图6.60所示。

图6.59 预制构件平放

图6.60 预制构件立放加固措施

6.7.3 预制混凝土构件运输

预制构件的运输计划在预制结构施工方法中非常重要，所以要认真考虑搬运路径、使用车型、装车方法等。搬运构件用的卡车或拖车，要根据构件的大小、重量、搬运距离、道路状况等选择适当的车型。

成品运输时，必须使用专用吊具，应使每一根钢丝绳均匀受力。钢丝绳与成品的夹角不得小于45°，确保成品呈平稳状态，应轻起慢放。

运输车应有专用垫木，垫木位置应符合图纸要求。运输轨道应在水平方向无障碍物，车速应平稳缓慢，不得使成品处于颠簸状态。运输过程中发生成品损伤时，必须退回车间返修，并重新检验，如图6.61所示。

预制构件的运输车辆应满足构件尺寸和载重的要求，装车运输时应符合下列规定：

（1）装卸构件时应考虑车体平衡。

（2）运输时应采取绑扎固定措施，防止构件移动或倾倒。

（3）运输竖向薄壁构件时应根据需要设置临时支架。

（4）对构件边角部或与紧固装置接触处的混凝土，宜采用垫衬加以保护。

图6.61 预制构件运输

构件运输应符合下列规定：

（1）运输道路须平整坚实，并有足够的宽度和转弯半径。

（2）根据吊装顺序组织运输，配套供应。

（3）用外挂（靠放）式运输车时，两侧重量应相等，装卸车时，重车架下部要进行支垫，防止倾斜。

（4）预制叠合楼板（图6.62）、预制阳台板、预制楼梯（图6.63）可采用平放运输，应正确选择支垫位置（图6.62）。

（5）预制构件运输时，不宜高速行驶，应根据路面好坏掌握行车速度，起步、停车要稳，夜间装卸和运输构件时，施工现场要有足够的照明设施。

图6.62　预制叠合楼板运输

图6.63　预制楼梯运输

课外资源

资源6.1　PC构件制作流程

资源6.2　装配式混凝土建筑主要构件介绍

资源6.3　固定台模生产线制作夹心保温剪力墙工艺流程

资源6.4　环形流水线制作叠合楼板工艺流程

课后练习题

（1）根据构件特征和性能，预制混凝土构件可分为哪些类别？每一类别都包含哪些构件？

（2）目前研究应用的预制混凝土外挂墙板有哪些？各自有何特点？

（3）目前我国工程中常用的预制剪力墙有哪些类型？各自有何特点？

（4）预制楼板主要有哪些类型？各自有何特点？

(5) 预制楼梯根据构件尺度不同分为哪些类型？各种类型楼梯的特点是什么？
(6) 预制构件生产线按流水生产类型可分为哪几类？各自有何特点？
(7) 请简述利用固定台模生产线制作夹心保温剪力墙的制作流程。
(8) 请简述利用环形流水生产线制作叠合楼板的制作流程。
(9) 通过查询课外资料，请简述预制柱的制作流程。
(10) 简述预制混凝土构件吊运时应符合哪些规定。

第7章 装配式混凝土建筑施工技术

学习目标

(1) 掌握装配式混凝土建筑施工准备的内容。
(2) 熟练掌握装配式混凝土构件的连接方式。
(3) 掌握装配整体式框架结构建筑施工工艺流程及操作要点。
(4) 掌握装配整体式剪力墙结构建筑施工工艺流程及操作要点。
(5) 掌握预制楼梯的安装流程。
(6) 了解铝模的组成、特点及安装流程。

7.1 装配式混凝土建筑施工概念

装配式混凝土建筑施工就是将工厂生产的预制混凝土构件运输到现场，经吊装、装配、连接，结合部分现浇而形成的混凝土结构。预制装配式混凝土建筑的施工安装是装配式建筑建设过程的重要组成部分，伴随着建设材料预制方式、施工机械和辅助工具的发展而不断进步。装配式混凝土建筑在现场施工安装的核心工作主要包括3部分：构件的吊装、安装和预埋件以及连接节点现浇部分的工作，这3部分工作体现的质量和流程管控要点是预制装配式混凝土建筑施工质量保证的关键。

装配式混凝土建筑与现浇混凝土建筑相比较，施工环节的不同主要在于：

(1) 必须与设计和构件制作环节密切协同。

(2) 施工精度要求高，误差从cm级变成mm级。

(3) 增加了部品部件安装环节，大幅度增加了起重吊装工作量。

(4) 增加了关键的构件连接作业环节，包括套筒灌浆、浆锚搭接灌浆、后浇混凝土、螺栓连接等，详见7.3小节。

7.2 装配式混凝土建筑施工准备

为了保证工程施工活动正常进行，应事先做好各项准备工作。施工准备是建设程序中的重要环节，认真做好工程项目施工前准备工作，可以加快施工进度，提高工程质量，降低工程成本，从而提高企业经济效益和社会效益。

装配式混凝土建筑的施工准备工作主要是指根据工程特点和施工规定，进行施工场地布置、人员组织、吊装方案选择以及其他准备工作。

7.2.1 施工场地布置

施工场地布置时，应注意现场出入口、通道能确保构件运输要求，起吊设备布置满足构件吊装要求以及构件堆场布置规范合理。

1. 现场出入口、通道布置

（1）现场出入口布置。进场通道大门处无坡道时，施工进场大门内净高 $H\geqslant5$m，如图 7.1（a）所示；进场通道大门处有坡道时，施工进场大门内净高 $H\geqslant6$m，道路坡度≤15°，如图 7.1（b）所示。

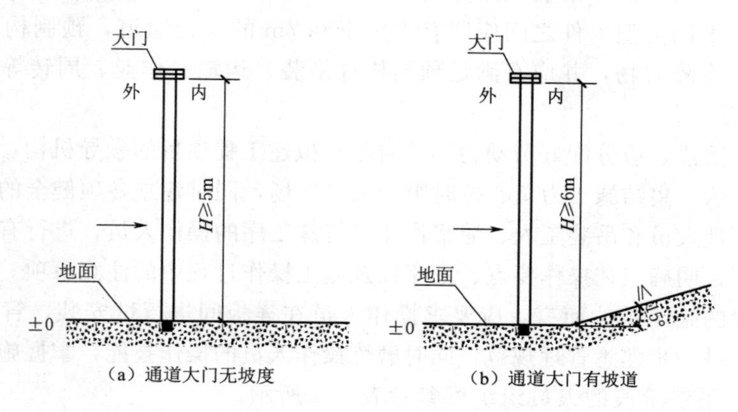

图 7.1 现场出入口布置

（2）通道布置。当市政道路最小宽度 $B_1\geqslant8$m 时，大门宽度不少于 12m，即 $W\geqslant12$m，场内道路宽不少于 8m，即 $B_2\geqslant8$m；当市政道路最小宽度 $B_1\geqslant10$m 时，大门宽度不少于 9m，即 $W\geqslant9$m，场内道路宽不少于 16m，即 $B_2\geqslant16$m，如图 7.2 所示。

场内道路的直角拐弯，道路宽度≥6.5m，如图 7.3（a）所示；圆角拐弯，直线段道路宽度≥4.5m，圆弧段道路宽度≥6.5m，转弯内径 $R\geqslant12$m，如图 7.3（b）所示。

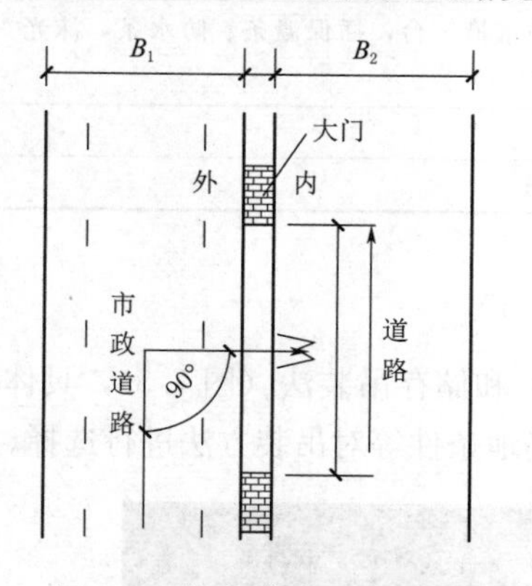

图 7.2 场内道路宽度要求

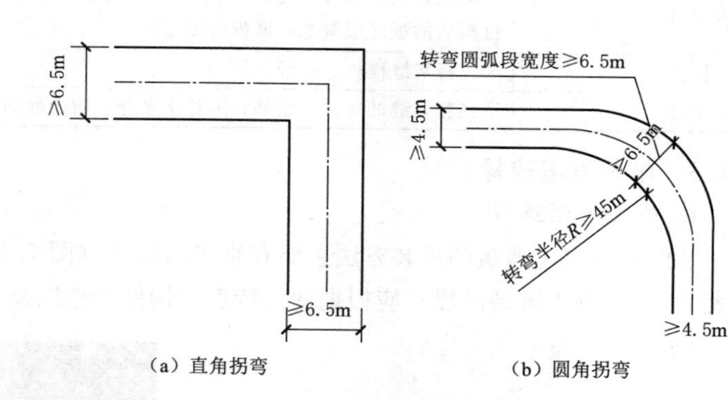

图 7.3 场内道路拐弯要求

场内道路必须坚实可靠，其施工场地必须平整、加固，使地基承载力满足要求。承重运输道路与临时硬化非运输道路应有明显的标线、标识区分。

2. 起吊设备布置

施工现场应根据最重预制构件的重量、位置来确定起吊设备的选型及大致安装位置，确保满足最重构件的吊装要求和最大幅度处的吊装要求。另外，还应根据各预制构件的最大重量、施工中可能起吊的最大重量及位置与起吊设备的起重性能进行对比校验，并留有合适的余量，以防出现在方案设计中未考虑到的特殊情况。

3. 构件堆场布置

构件堆场宜环绕或沿所建构筑物纵向布置，其纵向宜与通行道路平行布置，构件布置宜遵循“先用靠外、后用靠里，分类依次并列放置”的原则。此外，预制构件应按规格型号、出厂日期、使用部位、吊装顺序分类存放，构件吊环宜向上，标识清晰且向外，方便后期吊运作业。不同类型构件之间应留有不少于0.7m的人行通道，预制构件装卸、吊装工作范围内不应有障碍物，并应有满足预制构件吊装、运输、作业、周转等工作的场地。

7.2.2 人员组织

在施工准备阶段，应分配好劳动力，及时建立拟建工程项目的领导机构，组织建立精干且有经验的施工队，集结施工力量、按时组织人员进场，同时建立各项健全的管理制度。在施工前，应对管理人员和吊装工人、灌浆作业等特殊工序的操作人员，进行有针对性的技术交底和专项培训，明确工艺操作要点、工序以及施工操作过程中的注意事项。对于没有装配式建筑施工经验的施工单位而言，应要求操作人员在样板间进行试安装，管理人员现场监督，使管理人员进一步熟悉管理规范，同时磨炼操作人员的操作技能，掌握施工技术要点。

例如，结构吊装阶段的人员组织可参考表7.1所示。

表7.1 结构吊装阶段的人员组织参考表

工种	人数	备注
吊装工	12	信号工（上、下）2人，拿撬棍3人，拿靠尺1人，操作台临时固定4人，查找板号2人
电焊工	6	焊预埋件、钢筋等5人，管理焊把线及看火1人
混凝土工	8	浇灌板缝混凝土，清理预埋件锈蚀，修补裂板
抹灰工	8	墙面抹灰，墙板、楼板找平，修补堆放区外墙板防水槽、台，插保温条、防水条，抹光拆模后的板缝混凝土，墙板楼板塞缝
木工	4	支拆板缝模板、弹线
钢筋工	2	梳整板缝的锚环、钢筋，绑扎水平缝、阳台处钢筋

7.2.3 吊装方案选择

1. 吊装方法选择

装配式混凝土建筑的吊装方法主要有直接吊装法（图7.4）和储存吊装法（图7.5），具体见表7.2。在施工准备阶段，应根据建筑特点、构件类型以及场地条件等对吊装方法进行选择。

图7.4 直接吊装法

图7.5 储存吊装法

表 7.2　　装配式混凝土建筑常见施工方法对比表

名称	说　明	特　点
直接吊装法	又称原车吊装法，将预制构件由生产场地按构件安装顺序配套运往施工现场，从运输工具上直接向建筑物上安装	(1) 可以减少构件的堆放设施，少占用场地； (2) 要有严密的施工组织管理； (3) 需用较多的构件运输车
储存吊装法	构件从生产制作场地按型号、数量配套，直接运往施工现场吊装机械工作半径范围内储存，然后进行安装，这是一般常用的方法	(1) 有充分的时间做好安装前的施工准备工作，可以保证构件安装连续进行； (2) 购进安装和构件卸车可分日夜班进行，充分利用机械； (3) 占用场地较多，需用较多的插放（或靠放）架

2. 吊装机械选择

预制构件的吊装机械主要有塔式起重机（图 7.6）和履带式（或轮胎式）起重机（图 7.7），其主要特点见表 7.3。在施工准备阶段，同样应根据建筑特点、构件类型以及场地条件等对吊装机械进行选择。

图 7.6　塔式起重机

图 7.7　履带式起重机

表 7.3　　装配式混凝土建筑常见吊装机械对比表

机械类别	定　义	特　点
塔式起重机	动臂装在高耸塔身上部的旋转起重机	(1) 起吊高度和工作半径较大； (2) 驾驶室位置较高，司机视野宽广； (3) 转移、安装和拆除较麻烦； (4) 需敷设轨道
履带式（或轮胎式）起重机	一种利用履带行走的动臂旋转起重机	(1) 行驶和转移较方便； (2) 起吊高度受到一定限制； (3) 驾驶室位置低，就位、安装不够灵活

7.2.4　其他准备工作

(1) 组织现场施工人员熟悉、审查图纸，对构件型号、尺寸、埋件位置逐块检查核对，熟悉吊装顺序及各种指挥信号，准备好各种施工记录表格。

（2）引进坐标桩、水平桩，按设计位置放线，经检验签证后挖土、打钎，做基础和浇筑完首层地面混凝土。

（3）对塔吊行走轨道及预制混凝土构件堆放区等场地进行碾压、铺轨、安装塔吊，并在其周围设置排水沟。

（4）组织预制混凝土构件进场，按吊装顺序先存放配套构件，并在吊装前认真检查构件的质量和数量，质量如不符合要求，应及时处理。

7.3　装配式混凝土建筑构件连接方式

装配式混凝土建筑的构件连接是装配过程中十分重要的一道工序，是整个结构安全最基本的保障，将会对整个建筑工程的质量及整体性造成直接的影响。图 7.8 所示为装配式混凝土建筑构件的连接方式，表 7.4 列出了常用连接方式及其适用范围。

以下对几种常见的预制构件连接方式做简单介绍。

7.3.1　湿连接

湿连接是装配整体式混凝土结构的主要连接方式，包括钢筋套筒灌浆连接、钢筋浆锚连接、后浇混凝土连接、叠合层连接、粗糙面与键槽等。

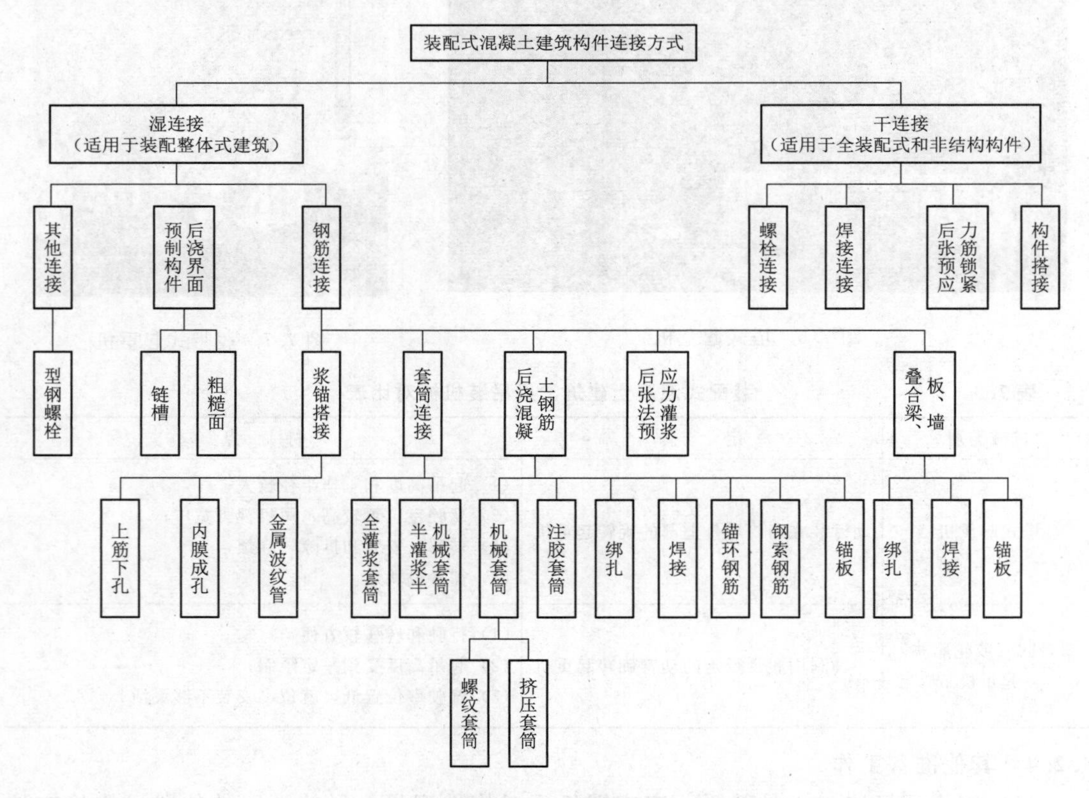

图 7.8　装配式混凝土建筑构件连接方式

表 7.4　常用装配式混凝土建筑构件连接方式及适用范围表

类别		序号	连接方式	可连接的构件	适用范围
湿连接	灌浆	1	套筒连接	柱、墙	各种结构体系高层建筑
		2	浆锚搭接	柱、墙	房屋高度小于三层或 12m 的框架结构，二、三级抗震的剪力墙结构（非加强区）
		3	金属波纹管	柱、墙	
	后浇混凝土钢筋连接	4	螺纹套筒	梁、楼板	各种结构体系高层建筑
		5	挤压套筒	梁、楼板	各种结构体系高层建筑
		6	注胶套筒	梁、楼板	各种结构体系高层建筑
		7	环形钢筋	墙板水平连接	各种结构体系高层建筑
		8	绑扎	梁、楼板、阳台板、挑檐板、楼梯板固定端	各种结构体系高层建筑
		9	直钢筋无绑扎	双面叠合板剪力墙、圆孔剪力墙	剪力墙体结构体系高层建筑
		10	焊接	梁、楼板、阳台板、挑檐板、楼梯板固定端	各种结构体系高层建筑
	后浇混凝土其他连接	11	锚环钢筋连接	墙板水平连接	多层装配式墙板结构
		12	钢索连接	墙板水平连接	多层框架结构和低层板式结构
		13	型钢螺栓	柱	框架结构体系高层建筑
	叠合构件后浇筑混凝土连接	14	钢筋折弯锚固	叠合梁、叠合板、叠合阳台等	各种结构体系高层建筑
		15	锚板	叠合梁	各种结构体系高层建筑
	预制混凝土与后浇混凝土连接截面	16	粗糙面	各种接触后浇筑混凝土的预制构件	各种结构体系高层建筑
		17	键槽	柱、梁等	各种结构体系高层建筑
干连接		18	螺栓连接	楼梯、墙板、梁、柱	楼梯适用各种结构体系高层建筑；主体结构构件适用框架结构或组装墙板结构低层建筑
		19	构件焊接	楼梯、墙板、梁、柱	楼梯适用各种结构体系高层建筑；主体结构构件适用框架结构或组装墙板结构低层建筑

1. 钢筋套筒灌浆连接

钢筋套筒灌浆连接是由金属套筒插入钢筋，并灌注高强、早强、可膨胀的水泥基灌浆料，通过刚度很大的套筒对可微膨胀灌浆料的约束作用，在钢筋表面和套筒内壁间产生正向作用力，钢筋借助该正向力在其粗糙的、带肋的表面产生摩擦力，从而实现受力钢筋之间应力的传递。

套筒分为全灌浆套筒和半灌浆套筒。全灌浆套筒是接头两端均采用灌浆方式连接钢筋的套筒［图 7.9（a)］；半灌浆套筒是一端采用灌浆方式连接，另一端采用螺纹连接的套筒［图 7.9（b)］。钢筋套筒灌浆连接的示意图如图 7.9（c）所示。

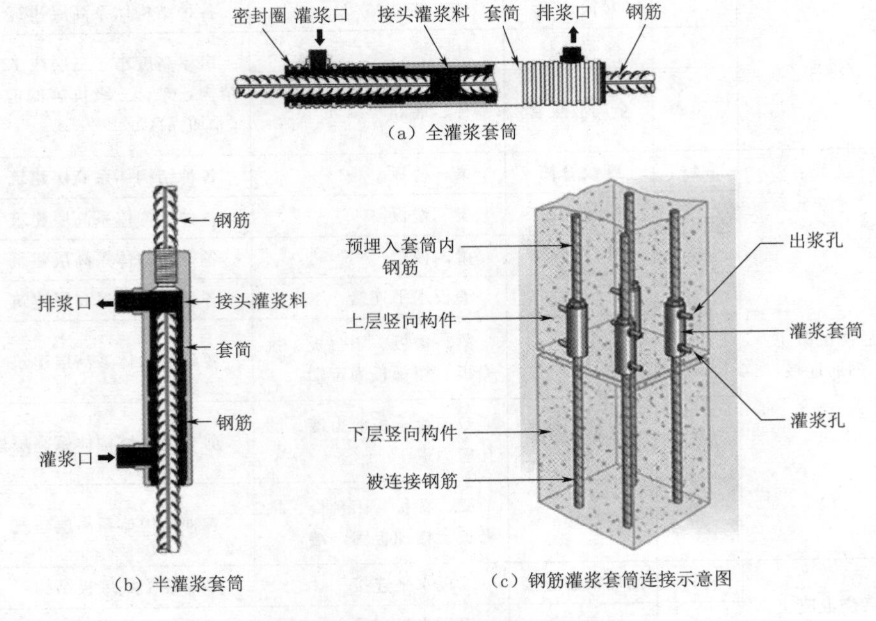

图 7.9　钢筋套筒灌浆连接

钢筋套筒灌浆连接是装配式混凝土建筑竖向构件连接应用最广泛，也被认为是最可靠的连接方式，水平构件如梁的连接偶尔也会用到。钢筋套筒灌浆连接可用于各种结构最大适用高度的建筑。

2. 钢筋浆锚连接

钢筋浆锚连接是从预制构件表面外伸一定长度的不连续钢筋插入所连接的预制构件对应位置的预留孔道内，钢筋与孔道内壁之间填充无收缩、高强度灌浆料，形成钢筋浆锚连接。目前国内普遍采用的连接构造包括约束浆锚连接和金属波纹管浆锚连接。

约束浆锚连接是在接头范围内预埋螺旋筋，并与构件钢筋同时预埋在模板内，通过抽芯制成带肋孔道，并通过预埋 PVC 软管制成灌浆孔与排气孔用于后续灌浆作业。待不连续钢筋伸入孔道后，从灌浆孔压力灌注无收缩、高强度水泥基灌浆料。不连续钢筋通过灌浆料、混凝土与预埋钢筋形成搭接连接接头，如图 7.10 所示。

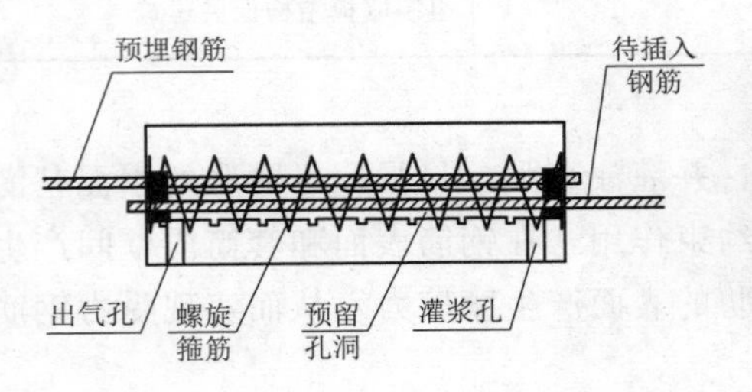

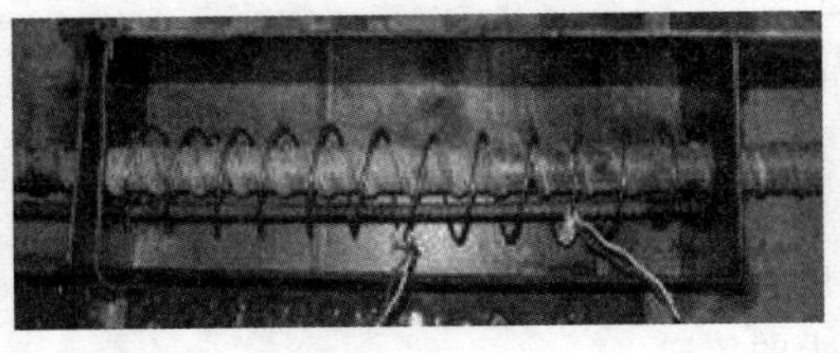

图 7.10　约束浆锚连接

金属波纹管浆锚连接采用预埋金属波纹管成孔，在预制构件模板内，波纹管与构件预埋钢筋紧贴，并通过扎丝绑扎固定。波纹管在高处向模板外弯折至构件表面，作为后续灌浆料灌注口，待不连续钢筋伸入波纹管后，从灌注口向管内灌注无收缩、高强度水泥基灌浆料。不连续钢筋通过灌浆料、金属波纹管及混凝土与预埋钢筋形成搭接连接接头，如图 7.11 所示。

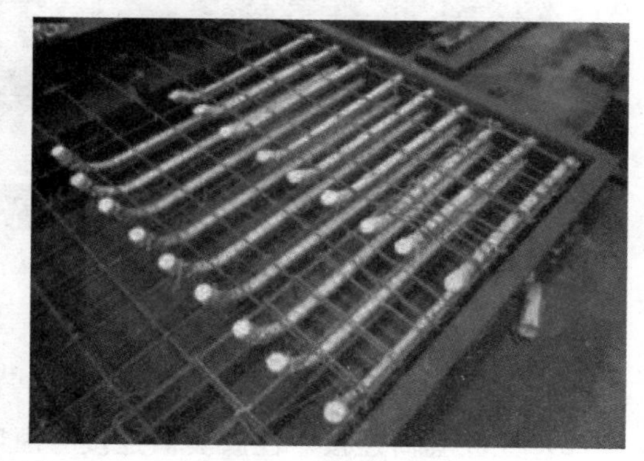

图 7.11 金属波纹管浆锚连接

3. 后浇混凝土连接

后浇混凝土连接是指预制构件安装后与相邻构件连接处采用现浇混凝土的形式进行连接。在装配式混凝土建筑中，我们把基础、首层、裙楼、顶层等部位的现浇混凝土称为“现浇混凝土”，预制构件连接处的现浇混凝土称为“后浇混凝土”。

后浇混凝土是装配整体式混凝土建筑中非常重要的连接方式，几乎所有的装配整体式混凝土建筑中都有后浇混凝土，如柱与柱连接、柱与梁连接、梁与梁连接、剪力墙横向连接等。例如，图 7.12 所示为当连接处位于纵横墙交接处的约束边缘构件区域时，阴影区域内宜全部采用后浇混凝土。

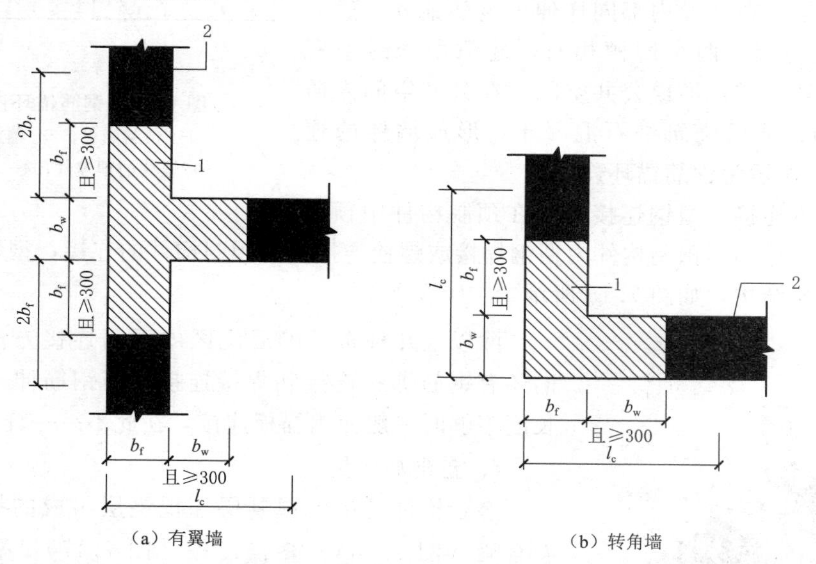

图 7.12 约束边缘构件阴影区域全部后浇构造示意图

1—后浇段；2—预制剪力墙

钢筋的连接是后浇混凝土连接方式中最重要的环节。后浇区内钢筋连接的方式包括机械套筒连接、注胶套筒连接、钢筋锚环连接、型钢连接等。

(1) 机械套筒连接。机械套筒连接是采用螺纹法［图 7.13 (a)］或挤压法［图 7.13 (b)］，将两个构件伸出的纵向受力钢筋连接在一起。

(a) 螺纹连接

(b) 挤压连接

图 7.13　机械套筒连接

(2) 注胶套筒连接。注胶套筒连接与灌浆套筒连接原理相似，就是把带肋钢筋从两端插入套筒内部，然后注入专用凝胶，从而实现钢筋的连接。日本普遍将该方法用于梁的受力钢筋连接。

(3) 钢筋锚环连接。钢筋锚环连接是一种通过钢筋锚环插筋后浇筑混凝土的连接方式。该连接是在需要进行连接的一块剪力墙板连接端预留凹槽，凹槽内伸出钢筋锚环，在与之连接的另一块剪力墙板的连接端也预留凹槽，在凹槽内部同样伸出钢筋锚环。然后把两块墙板对接，两个凹槽相对，缝隙用密封条密封。钢筋锚环交错，形成公共空间，在公共空间内插入两根钢筋，然后浇筑细石混凝土，形成墙体的连接。图 7.14 所示为钢筋锚环连接。

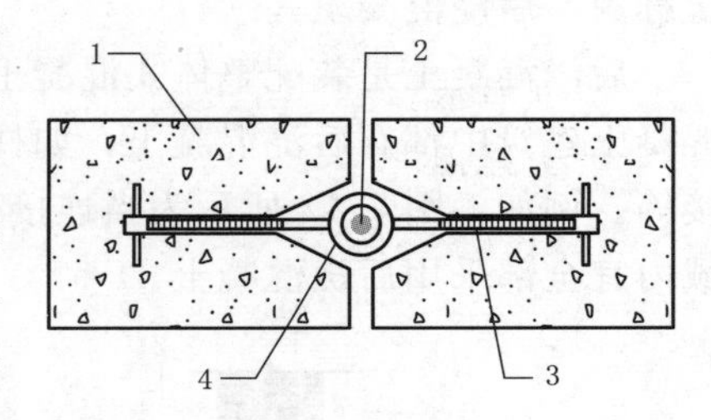

图 7.14　钢筋锚环连接

1—预制墙板；2—钢筋；3—带螺纹的预埋件；4—连接环

(4) 型钢连接。型钢连接是指在预制构件中预埋型钢，然后通过不同预制构件内型钢焊接或螺栓连接实现预制构件的连接，型钢连接多用于装配式框架结构，如图 7.15 所示。

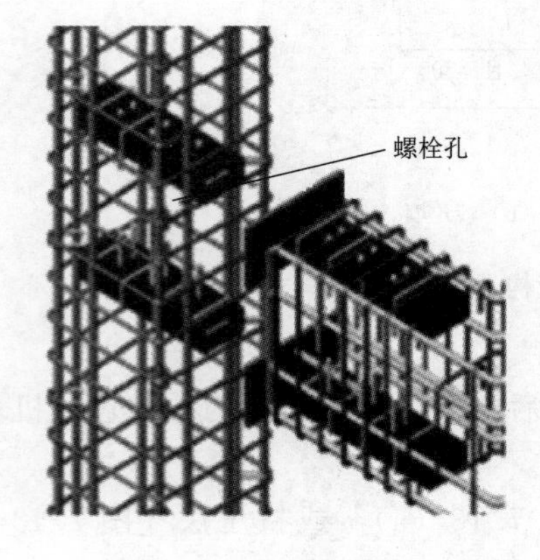

图 7.15　型钢连接

除以上几种常见的后浇区内钢筋连接方法外，常见的还有钢筋绑扎连接和焊接连接，当钢筋伸入支座锚固长度不够时一般使用锚板连接，在此不一一详细描述。

4. 叠合层连接

叠合构件是指由预制层和现浇层组成的构件，包括叠合梁（图 7.16）、叠合楼板（图 7.17），叠合阳台板等。叠合层现浇混凝土实际上也属于后浇混凝土，是形成结构整体性的重要连接方式。

5. 粗糙面与键槽

预制混凝土构件与后浇混凝土的接触面须做成粗糙面或键槽面，或两者兼有，以提高混凝土抗剪能力。据研究，平面、粗糙面和键槽面混凝土抗剪能力的比值为

1∶1.6∶3，即粗糙面抗剪能力是平面的1.6倍，键槽面是平面的3倍。

粗糙面的处理方法主要有人工凿毛法和机械凿毛法，即人工使用铁锤和凿子或使用专门的小型凿岩机配置梅花平头钻，剔除构件结合面混凝土表皮，露出碎石骨料。还有一种缓凝水冲法，即在预制混凝土构件浇筑前，将含有缓凝剂的浆液涂刷在模板上，浇筑混凝土后利用已浸润缓凝剂的表面混凝土与内部混凝土的缓凝时间差，用高压水冲洗未凝固的表层混凝土，露出骨料形成粗糙表面。粗糙的表面如图7.18所示。

键槽则是通过模具的凹凸使混凝土构件表面形成凹凸面，达到提高抗剪能力的目的，如图7.19所示。

7.3.2　干连接

干连接顾名思义就是不用混凝土、灌浆料等湿材料连接，而是像钢结构一样，用螺栓、焊接等方式连接。全装配式混凝土结构就是采用干连接方式，装配整体式混凝土建筑中的一些非结构构件，如外挂墙板、ALC板、楼梯板等也常采用干连接方式。

1. 螺栓连接

螺栓连接是指用螺栓或预埋件将预制构件与预制构件或预制构件与主体结构进行连接的一种连接方式。

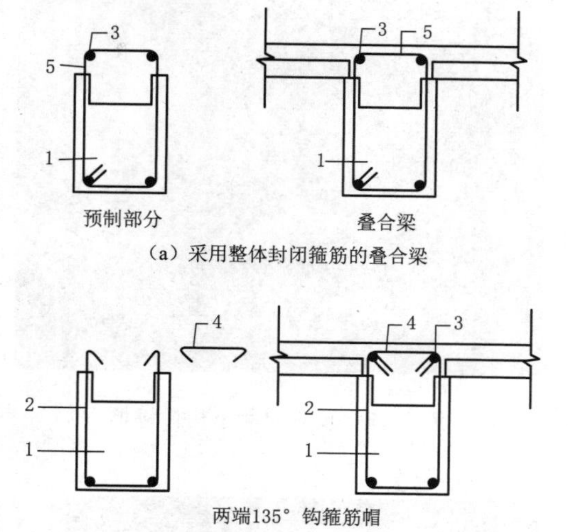

（a）采用整体封闭箍筋的叠合梁

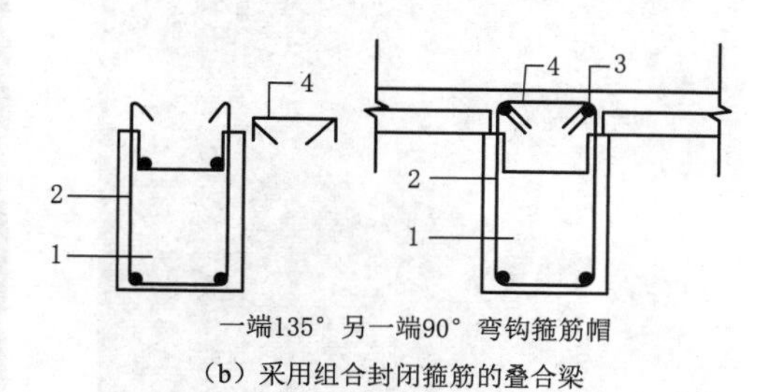

4
2
1
4
3
2
1
一端135°另一端90°弯钩箍筋帽

（b）采用组合封闭箍筋的叠合梁

图7.16　叠合梁连接

1—预制梁；2—开口箍筋；3—上部纵向钢筋；4—箍筋帽；5—封闭箍筋

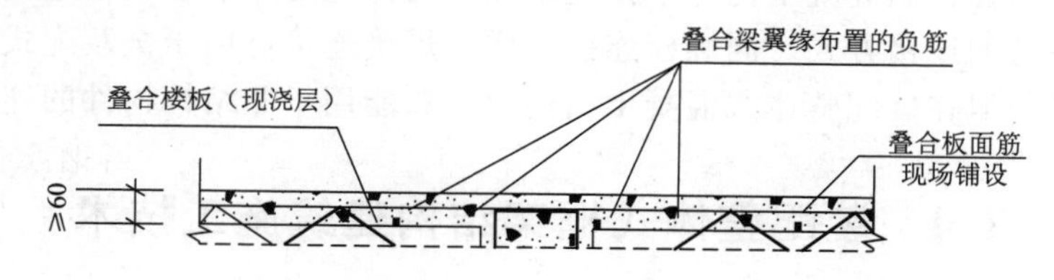

图7.17　叠合楼板连接

图7.18　预制混凝土构件粗糙面

在全装配式混凝土结构中，主体结构构件的连接就采用螺栓连接，如图7.20中的装配式框架结构的梁就通过螺栓进行连接。

在装配整体式混凝土结构中，螺栓连接常用于外挂墙板（图7.21）、楼梯（图7.22）以及低层房屋非主体结构构件的连接。

图7.19　预制混凝土构件键槽

图7.20　装配式框架结构中的螺栓连接

图7.21　外挂墙板螺栓连接

图7.22　楼梯螺栓连接

2. 焊接连接

焊接连接是指在预制混凝土构件中预埋钢板，构件之间将预埋钢板进行焊接连接来传递构件之间作用力的连接方式。同螺栓连接一样，焊接连接可用于全装配式混凝土结构中结构构件的连接，但在装配整体式混凝土结构中，只能用于非结构构件的连接。

7.4　装配整体式框架结构建筑施工技术

7.4.1　工艺流程

装配整体式框架结构的梁、板等水平构件一般采用叠合形式，即构件底部（包含底筋、箍筋、底部混凝土）采用工厂预制，面层和深入支座处（包含面筋）采用现浇。其余部品部件包括柱、外墙、楼梯等一般均采用全预制形式。施工时，以标准层每层、每跨为单元进行拼装，预制构件之间通过现浇混凝土进行连接，以保证结构的整体性。装配整体式框架结构建筑的施工工艺流程如图7.23所示。

7.4.2　操作要点

1. 预制柱的安装

预制框架柱的安装流程为：基层处理→测量放线→下层竖向钢筋对孔→预制柱起吊就

位→临时支撑固定→摘钩→堵缝、灌浆。

（1）基层处理。预制柱在吊装之前，需要把结合层的浮浆和杂物清理干净，并进行相应的凿毛处理。

（2）测量放线。测量人员应根据图纸及楼层定位线进行放样，放出预制柱的定位线和距离柱边缘200mm的定位控制线，如图7.24所示。

（3）下层竖向钢筋对孔。对预留的钢筋进行清理和定位，使用预先加工精确的钢筋定位框对钢筋位置和间距进行定位，调直歪斜钢筋，禁止将钢筋打弯，如图7.25所示。

（4）预制柱起吊就位。钢筋对孔完成后首先对预制柱结合面的水准高度进行测量，并根据测量数据放置适当厚度的垫片进行吊装平面的找平。接着采用两点起吊将预制柱吊装至定位线上方，并在距离安装位置上方300mm时停止下降（图7.26），用反光镜确保钢筋对孔准确，对准之后由吊装人员手扶预制柱缓慢降落（图7.27）。

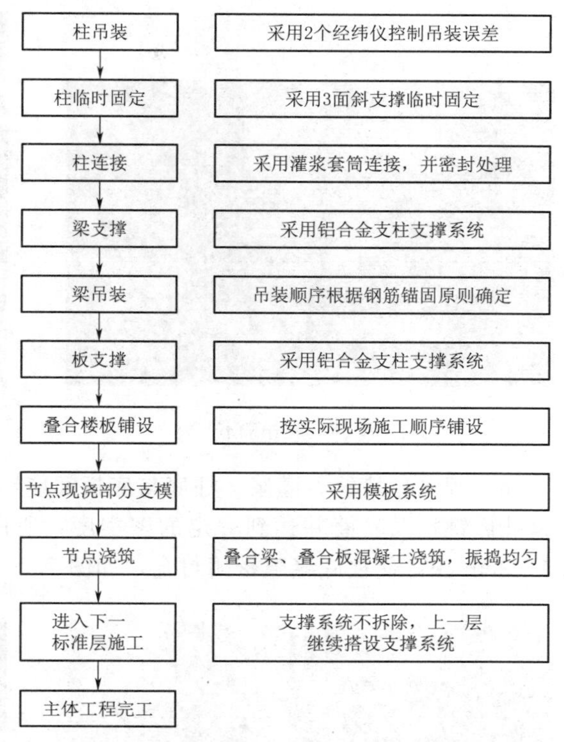

图7.23　装配整体式框架结构建筑施工工艺流程

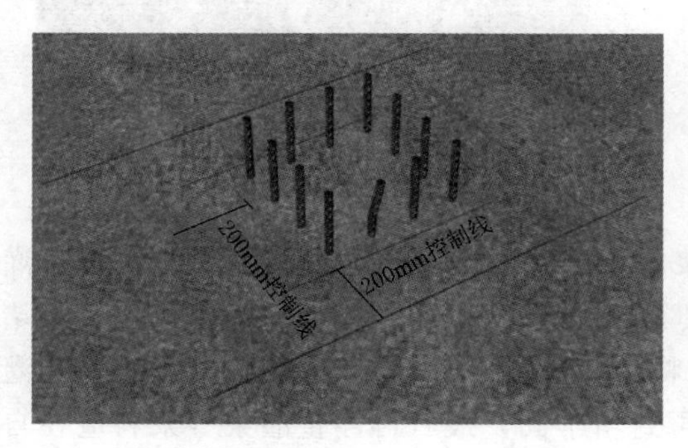

图7.24　预制柱定位线及定位控制线

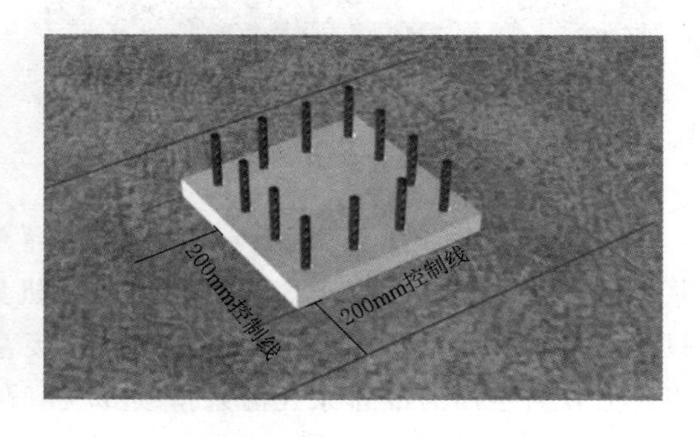

图7.25　下层竖向钢筋对孔

（5）安装临时支撑。分别在楼板上的临时支撑预留螺母处安装支撑底座，并检查支撑底座安装是否牢靠，利用可调式支撑杆将预制柱与楼面临时固定，每个构件至少使用两个斜支撑进行固定，并要安装在构件的两个侧面，确保斜支撑安装后预制柱与楼板平面成90°角。斜支撑的支撑点距离柱底不宜小于柱高的2/3，且不应小于柱高的1/2。如果预制柱单个构件高度超过10m则还需要设置缆风绳。构件安装就位后，可通过临时支撑对构件的位置和垂直度进行微调。图7.28所示为预制柱临时支撑固定。

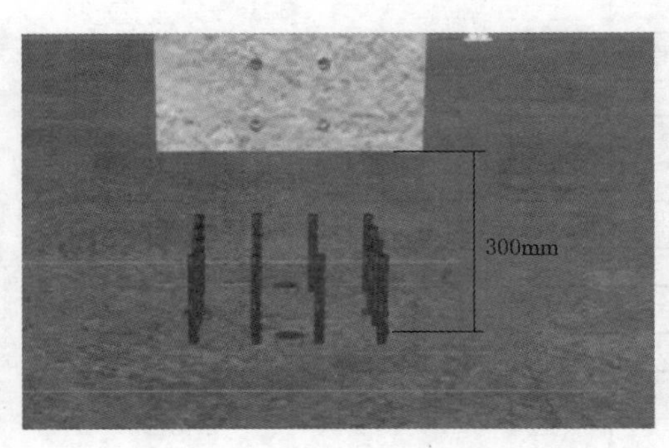

图 7.26　起吊就位

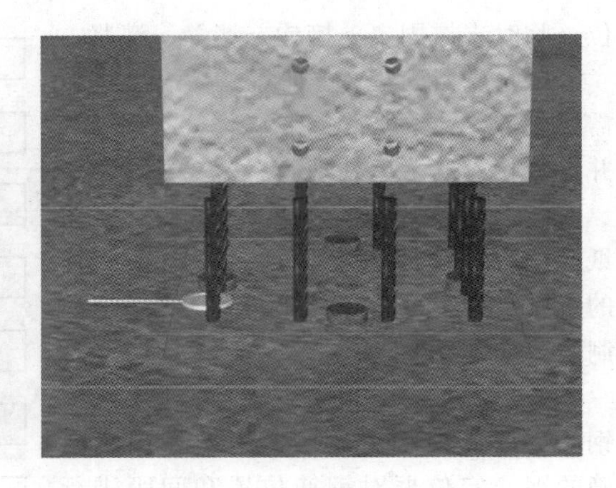

图 7.27　与预留钢筋进行插接

（6）预制柱堵缝、灌浆。柱底与底板间应形成一个密闭空间，以保证灌浆料在压力下注满柱底键槽及套筒并达到一定的密实度，所以，首先应使用专用的封浆料在柱底填抹 1.5～2cm 深，使柱底缝隙密闭封仓，如图 7.29 所示。

图 7.28　预制柱临时支撑固定

图 7.29　预制柱底密闭封仓

封仓后 24h 或达到 30MPa，使用专用灌浆料，严格按照灌浆料产品说明工艺进行灌浆料制备（环境温度高于 30℃时，对设备机具等润湿降温处理）。然后将上排排浆孔封堵只剩一个，插入灌浆泵（枪）进行灌浆。接着将下排灌浆孔封堵只剩一个，并一直保持灌浆压力，直至所有灌排浆孔溢浆持续 30 秒后再封堵牢固，最后再停止灌浆（浆料应在自加水搅拌开始 20～30min 内灌完）。预制柱灌浆示意图如图 7.30 所示。

2. 预制叠合梁及叠合楼板的安装

预制叠合梁及叠合楼板的安装流程为：叠合主梁支撑体系安装→叠合主梁吊装→叠合次梁支撑体系安装→叠合次梁吊装→叠合楼板支撑体系安装→叠合楼板吊装→叠合梁、叠合楼板吊装铺设完毕后检查→水电管线敷设、连接→梁及楼板上层钢筋安装→连接节点处支模→连接节点处现浇混凝土→预制楼板底部拼缝处理→检查验收。预制叠合梁及叠合楼板的安装过程如图 7.31～图 7.36 所示。

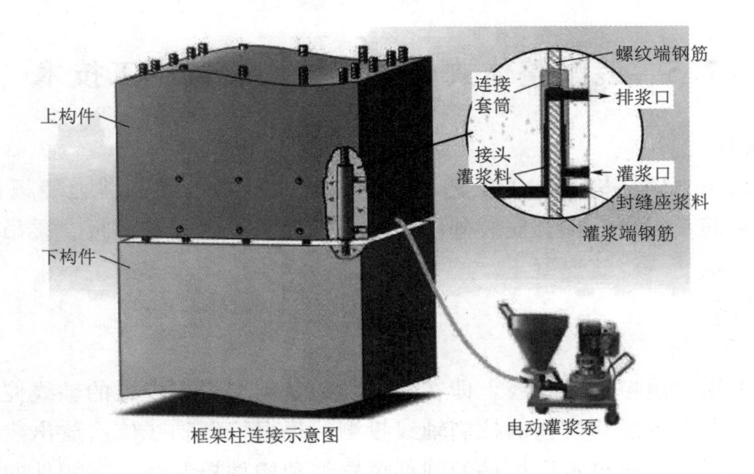

图 7.30 预制柱灌浆示意图

图 7.31 预制梁支撑体系

图 7.32 预制叠合梁吊装

图 7.33 预制叠合梁安装

图 7.34 预制叠合板吊装

图 7.35 预制叠合板安装

图 7.36 预制叠合板上部钢筋绑扎

7.5　装配整体式剪力墙结构建筑施工技术

7.5.1　施工流程

装配整体式剪力墙结构的施工工艺流程为：放线抄平→预制剪力墙板吊装→塞缝灌浆→绑扎墙身钢筋及封板→提升安装外防护架→搭楼板支撑及楼面板、梁吊装→安装机电管线→绑扎楼面钢筋→浇筑混凝土。

7.5.2　操作要点

1. 放线抄平

建筑物宜采用“内控法”放线，即在建筑物的基础层根据设置的轴线控制桩，用垂准仪和经纬仪进行以上各层建筑物的控制轴线投测。根据控制轴线依次放出建筑物的纵横轴线，依据各层控制轴线放出本层构件的细部位置线和构件控制线，在构件的细部位置线内标出编号。轴线放线偏差不得超过 2mm，放线遇有连续偏差时，应考虑从建筑物中间一条轴线向两侧调整。每栋建筑物设标准水准点 1～2 个，在首层墙、柱上确定控制水平线。以后每完成一层楼面用钢卷尺把首层的控制线传递到上一层楼面的预留钢筋上，用红油漆标示。预制构件在吊装前应在表面标注墙身线及 500 控制线，用水准仪控制每件预制件的水平。在混凝土楼面浇筑时，应将墙身预制件位置现浇面的水平误差控制在±3mm 之内。

接着根据楼内主控线，放出墙体安装控制线、边线、预制墙体两端安装控制线，如图 7.37 所示。

之后进行钢筋校正，根据预制墙板定位线，使用钢筋定位框检查预留钢筋位置是否准确，若有偏位应及时调整，如图 7.38 所示。

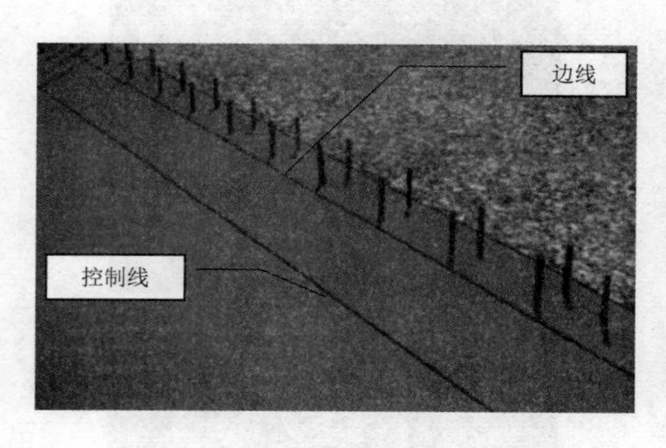

图 7.37　边线和控制线

图 7.38　钢筋定位框

钢筋校正完毕后，利用垫片找平。预制剪力墙板下口与楼板间设计有 20mm 的缝隙(灌浆用)，吊装预制构件前，在所有构件框架线内取构件长度总尺寸 1/4 的两点用铁垫片找平，垫起总厚度 2cm，垫片厚度应有 10mm、5mm、2mm 类型，应用垫片厚度不同调节预制件找平，如图 7.39 和图 7.40 所示。

2. 预制剪力墙板吊装

首先做好安装前的准备工作，对基层插筋部位按图纸依次校正，同时将基层垃圾清理

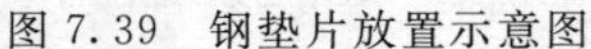

图 7.39　钢垫片放置示意图

图 7.40　钢垫片

干净，松开吊架上用于稳固构件的侧向支撑木楔，做好起吊准备。

吊装时，将预制剪力墙板的吊扣与吊钉进行连接，再将吊链与吊梁连接，要求吊链与吊梁接近垂直。开始起吊时应缓慢进行，待构件完全脱离支架后可匀速提升，如图 7.41 所示。

图 7.41　预制剪力墙板吊装

预制剪力墙就位时，需要人工扶正，并利用反光镜使预埋竖向外露钢筋与预制剪力墙预留空孔洞一一对应插入，如图 7.42 和图 7.43 所示。

为防止发生预制剪力墙倾斜等现象，预制剪力墙就位后，应及时用螺栓和膨胀螺丝将可调节斜支撑固定在构件及现浇完成的楼板面上，通过调整斜支撑和底部的固定角码对预制剪力墙各墙面进行垂直平整检测并校正，直到预制剪力墙达到设计要求范围，然后固定，如图 7.44 和图 7.45 所示。

最后待预制剪力墙的斜向支撑及固定角码全部安装完成后方可摘钩，进行下一预制剪力墙的吊装。同时，对已完成吊装的预制剪力墙板进行校正，墙板垂直方向校正措施：构件垂直度调节采用可调节斜拉杆，每一块预制剪力墙板在一侧设置 2 道可调节斜拉杆，用 4.8 级 ϕ16mm×40mm 螺栓将斜支撑固定在预制构件上，底部用预埋螺丝将斜支撑固定在楼板上，通过对斜支撑上的调节螺丝的转动产生的推拉校正垂直方向，校正后应将调节把手用铁丝锁死，以防人为松动，保证安全，如图 7.46 和图 7.47 所示。

图 7.42　预制剪力墙板安装

图 7.43　利用反光镜进行插筋

图 7.44　斜支撑固定

图 7.45　角码固定

图 7.46　斜向支撑加固

图 7.47　转动斜支撑调节墙体垂直度

3. 塞缝灌浆

剪力墙板外侧属掩蔽位置，预制构件吊装后，该位置无法进行后续封堵。因此，剪力墙板外侧应于吊装前在相应位置粘贴 30mm（厚）×30mm（宽）的橡胶条。粘贴位置应位于 30mm 保温材料处，以不占用结构混凝土位置为宜。墙宽度范围内亦应置于暗柱钢筋外 100mm 处的非结构区域粘贴橡胶条，如图 7.48 所示。

外墙板掩蔽位置粘贴30mm橡胶条

墙宽范围内掩蔽位置粘贴橡胶条分仓

完成外墙板底部吊装前准备工作

图 7.48　剪力墙外侧封堵

外墙板校正完成后，使用塞缝料将外墙板外露面（非掩蔽可后续操作面）与楼面间的缝隙填嵌密实，与吊装前粘贴的橡胶条牢固连接形成密闭空间。

初插灌浆嘴的灌浆孔除外，其他灌浆孔使用橡皮塞封堵密实。灌浆应使用灌浆专用设备，并严格按厂家当期提供配比调配灌浆料。将配比好的水泥浆料搅拌均匀后倒入灌浆专用设备中，保证灌浆料的流动度。灌浆料拌合物应在制备后 0.5h 内用完，如图 7.49 所示。

图 7.49　配置灌浆料

使用截锥圆模检查拌和后浆液的流动度，保证流动度不小于 300mm。将拌和好的浆液导入注浆泵，启动灌浆泵，待灌浆泵嘴流出浆液成线状时，将灌浆嘴插入预制剪力墙预留的灌浆孔内（下方小孔洞），按中间向两边扩散的原则开始注浆。灌浆施工时，环境温度应在 5℃以上，必要时，应对连接处采取保温加热措施，保证浆料在 48h 凝结硬化过程中连接部位温度不低于 10℃。灌浆后 24h 内不得使构件和灌浆层受到震动、碰撞。灌浆操作全过程应由监理人员旁站。

间隔一段时间后，上排出浆孔会逐个流出浆液，待浆液成线状流出时，立即塞入专用胶塞堵住孔口，持压 30s 后抽出灌浆孔里的注浆管，同时快速用专用胶塞堵住下孔。其他预留孔洞依次同样方式注满，不得漏注，每个孔洞必须一次注完，不得进行间隙多次注浆。当出现个别排浆孔未出浆时，应使用钢丝通透该出浆孔，直至浆液成线状流出，如图 7.50 所示。

4. 绑扎墙身钢筋及封板

预制剪力墙板校正固定后，进行后浇带钢筋绑扎。安装时相邻墙体连续依次安装，固定校正后及时对构件连接处的钢筋进行绑扎，以加强构件的整体牢固性，如图 7.51 所示。

预制剪力墙节点内模采用木模或钢模，对拉螺杆采用可拆卸式，拆模后一并回收利用。进行混凝土浇筑时应布料均衡，构件接缝混凝土浇筑和振捣应采取措施防止模板、相

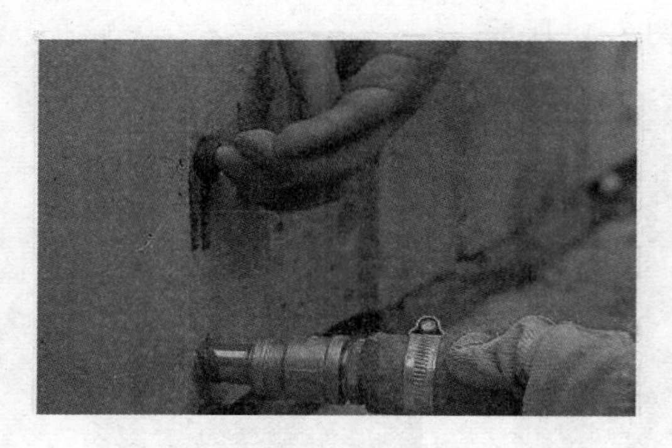

图 7.50 预制剪力墙灌浆

连接构件、钢筋、预埋件及其定位件移位。节点处混凝土应连续浇筑并确保振捣密实。

预制剪力墙体斜向支撑需在墙体后浇带侧模拆模后方可拆除，后浇带侧模拆除则需在混凝土强度能保证其表面及棱角不因拆除模板而受损后，方可拆除。

5. 搭楼板支撑及楼面板、梁吊装

预制剪力墙板安装完毕后，按设计位置支设专用三脚架可调节支撑。竖向连续支撑层数不应少于两层且上下层支撑应在同一直线上。

图 7.51 绑扎墙身钢筋

根据楼板、梁吊装图在预制墙体上画出板、梁缝位置线，在板底或侧面事先画好搁置长度位置线，以保证板的定位和搁置长度。预制楼板起吊时，吊点不应少于4个，叠合楼板起吊点设置在桁架钢筋上弦钢筋与斜向腹筋交接处，吊点距离板端为整个板长的1/4到1/5之间。预制梁起吊时，吊点不少于2个。预制梁、板吊装必须用专用吊具吊装。由于预制楼面板面积大、厚度薄，吊车起升速度要求稳定，覆盖半径要大，下降速度要慢，楼面板应从楼梯间开始向外扩展安装，便于人员操作，安装时两边设专人扶正构件，缓缓下降。

将楼面板校正后，预制楼面板各边均落在剪力墙、现浇梁（叠合梁）上15mm，预制楼面板预留钢筋落于支座处后下落，完成预制楼面板的初步安装就位。预制楼板与墙体之间1cm缝隙用干硬性座浆料堵实。

预制楼面板安装初步就位后，转动调节支撑架上的可调节螺丝对楼面板进行三向微调，确保预制楼板调整后标高一致、板缝间隙一致。根据剪力墙上500mm控制线校对板顶标高。

最后用撬棍拨动板端，使板两端搭接长度及板间距离符合设计要求。叠合梁、板安装就位后应对水平度、安装位置、标高进行检查。

搭设楼板支撑及楼面板吊装过程如图7.52所示。

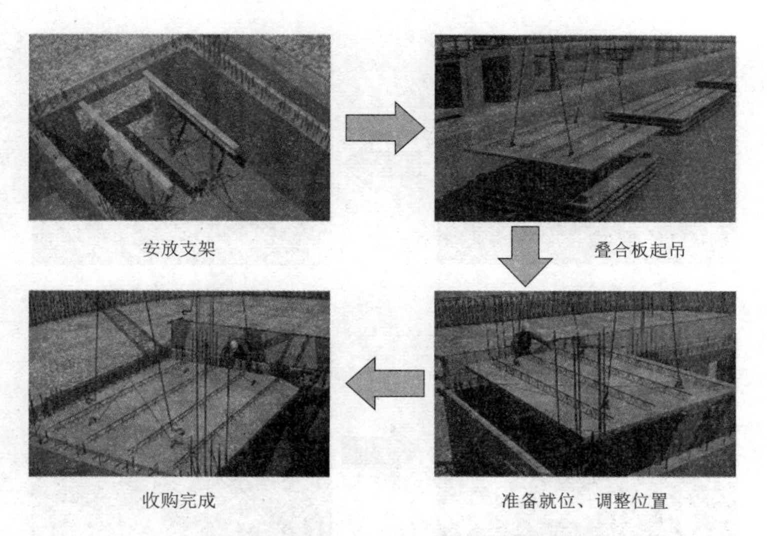

图 7.52　搭设楼板支撑及楼面板吊装过程

7.6　预制楼梯安装

首先支设预制楼梯下钢支撑，按设计位置支设楼梯板专用三脚架可调节支撑。每块预制楼梯板支撑为 4 个，长方向在梯板两端平台处各设一组独立钢支撑。下端支撑于平台板处，上端支撑于梯梁底处，休息平台处模板支撑体系需上下保持 3 层。

预制楼梯安装前，弹出楼梯构件的端部和侧边控制线以及标高控制线。在摆放预制楼梯前应在现浇接触位置用 C25 细石混凝土找平，同时安放钢垫片调整预制楼梯安放标高。预制楼梯分为上下两个梯段，两端楼梯待完成楼面混凝土浇筑后吊装。

吊装时应用一长一短的 2 根钢丝绳将楼梯放坡，保证上下高差相符，顶面和底面平行，便于安装。将楼梯预留孔对正现浇位预留钢筋，缓慢下落，脱钩前用撬棍调节楼梯段水平方向位置。完成下段楼梯后，安装上段楼梯。

吊装完成后，用撬棍拨动楼梯板端，使板两端搭接长度及位置符合设计要求，待固定楼梯后，用连接角铁固定上段楼梯与外墙，最后用聚苯材料对楼梯板端周边缝隙进行填充，锚固孔灌浆锚固。

预制楼梯的安装过程如图 7.53 所示。

7.7　装配式混凝土建筑铝模的施工技术

众所周知，装配式混凝土建筑注重对环境、资源的保护。在施工过程中现浇节点采用铝模代替传统施工中的木模板，可降低建筑施工对周边环境的各种影响，有利于提高建筑的劳动生产率，促进装配式建筑的节点标准化，提升建筑的整体质量和节能环保效果，促进我国建筑业健康可持续发展，符合国家经济发展的需求。

图7.53　预制楼梯的安装

7.7.1　铝模的组成及特点

铝模由面板系统、支撑系统、紧固系统和附件系统组成，如图7.54所示。面板系统采用挤压成型的铝合金型材加工而成，可取代传统的木模板，在装配式建筑施工应用中比木模表面观感质量及平整度更高，可多次重复利用，节省木材，符合绿色施工理念。配合高强的钢支撑和紧固系统及优质的五金插销等附件，具有轻质、高强、整体稳定性好的特点。其与钢模相比重量更轻，材料可通过人工上下楼层间传递，施工拆装便捷。因此，铝模被广泛地应用于各类装配式混凝土结构后浇节点的模板工程中。

7.7.2　施工准备

铝模安装前需要做的准备工作有：装配式混凝土结构后浇节点钢筋绑扎完毕，且各专项工程的预埋件已安装完毕并通过了隐蔽验收；作业面各构件的位置控制线工作已完成并进行了复核；现浇节点底部标高要复核，对高出的部分及时凿除调整至设计标高；按装配图检查施工区域的铝模板及配件是否齐全、编号是否完整；墙柱模板板面应清理干净，均匀涂刷水性的模板隔离剂。

图7.54　铝模体系

7.7.3　铝模的安装

铝模通常按照“先内墙、后外墙”，“先非标板、后标准板”的要领进行安装作业，其安装流程为：节点钢筋绑扎→各专业预留预埋件检查→隐蔽工程验收→墙板节点铝模安装→模板矫正加固→待楼板吊装完成后，浇筑墙、板节点混凝土→模板拆除→模板清洗整理。

1. 墙板节点铝模安装

按编号将所需的模板找出，清理并刷水性模板隔离剂。在铝模与预制梁板重合处加止水条，再用穿套管对拉，依次用销钉将墙模与踢脚板固定，用销钉将墙模与墙模固定。墙板节点处铝模如图 7.55 所示。

2. 模板校正及固定

模板安装完毕后，对所有的节点铝模进行平整度与垂直度的校核。校核完成后在墙柱模板上加特制的双方钢背楞并用高强螺栓固定。

图 7.55 墙板节点铝模安装

3. 混凝土浇筑

校正固定后，检查各接口缝隙情况。楼层混凝土浇筑时，安排专门的模板工在作业层下进行留守看模，以解决混凝土浇筑时出现的模板下沉、爆模等突发问题。因铝模是金属模板，夏天高温下，混凝土浇筑前应在铝模上多浇水，防止因铝模温度过高造成水泥浆快速干化，造成拆模后表面起皮。

为避免混凝土表面出现麻面，在混凝土配比方面进行优化减少气泡的产生。另外在混凝土浇筑时加强作业面混凝土工人的施工监督，避免出现漏振、振捣时间短导致局部气泡未排尽的情况产生。

4. 模板拆除

严格控制混凝土的拆模时间，拆模时间应能保证拆模后墙体不掉角、不起皮，必须以同条件试块实验为准。拆除时要先均匀撬松、再脱开。拆除后零件应集中堆放，防止丢失，拆除的模板要及时清理干净和修整，拆除下来的模板必须按顺序平整地堆放好。

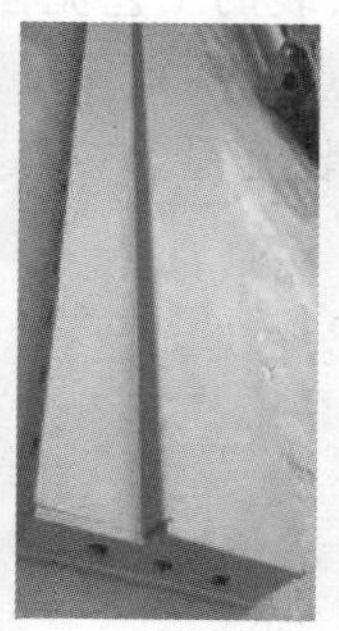
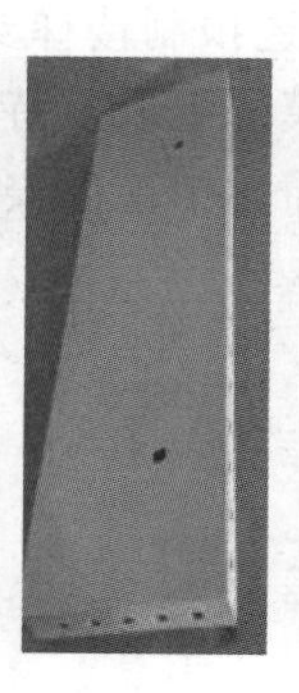
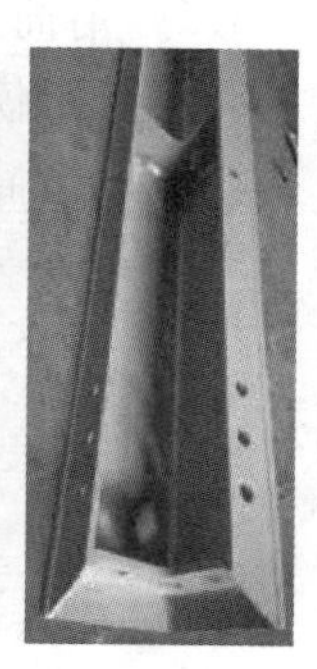

图 7.56 铝模拆除

课　外　资　源

资源7.1　装配整体式混凝土剪力墙结构体系及灌浆套筒连接技术

资源7.2　装配式剪力墙结构核心技术

资源7.3　天悦家园装配式住宅楼施工演示

资源7.4　装配式桥梁施工全过程

资源7.5　装配整体式框架结构建筑安装工艺流程

资源7.6　装配整体式剪力墙结构建筑安装工艺流程

课 后 练 习 题

（1）装配式混凝土建筑与现浇混凝土建筑在施工上的区别主要体现在哪些方面？

（2）装配式混凝土建筑的施工准备主要包含哪些内容？

（3）装配式混凝土建筑的施工现场出入口及通道布置需满足哪些要求？

（4）预制构件的吊装方法有哪些？各自有什么特点？

（5）预制构件的吊装机械有哪些？各自有什么特点？

（6）装配式混凝土建筑构件的连接方式可分为哪两类？每一类分别包含哪些连接方式？

（7）请简述装配整体式框架结构建筑施工工艺流程及各操作要点。

（8）请简述装配整体式剪力墙结构建筑施工工艺流程及各操作要点。

（9）请简述预制楼梯安装的工艺流程。

（10）铝模的组成及特点分别是什么？

（11）请简述铝模的安装流程。

第8章 装配式建筑工程管理

学习目标

(1) 了解装配式建筑工程管理的重要性。
(2) 了解政府部门对装配式建筑工程管理的内容。
(3) 熟悉建设单位对装配式建筑工程管理的内容。
(4) 熟悉监理单位对装配式建筑工程管理的内容。
(5) 了解设计单位对装配式建筑工程管理的内容。
(6) 熟悉构件制作单位对装配式建筑工程管理的内容。
(7) 掌握施工单位对装配式建筑工程管理的内容。

8.1 装配式建筑工程管理的重要性

工程管理是指按照客观经济规律对工程建设的全过程进行有效的计划、组织、控制和协调的系统管理活动。装配式建筑在我国正逐步走上正轨，但很多人往往只是把重点放在了对工程技术方面的追求，却往往忽视了对工程项目的管理。纵观我国发展历程，很多企业及产业发展不好，究其原因就是疏于管理或因管理不当。装配式建筑在国外一些发达国家已经发展得较为成熟，并早已被证明具有其独特的优势，然而不容忽视的是，这种优势是以有效的工程管理为前提的。

1. 有效的管理为行业良性发展保驾护航

(1) 从政府管理角度，应制定适合装配式发展的政策措施，并贯彻落实到位。

1) 推动主体结构装配与全装修同步实施。我国目前的商品房大部分还是毛坯房交付，假如在推广装配式建筑主体结构装配的同时推广全装修，则将进一步体现出装配式建筑节省工期、提高质量等的优势。

2) 推进管线分离、同层排水的应用。管线分离、同层排水等措施能有效提高建筑寿命、提升建筑品质，因此也需要政府在制度层面进行引导，使其得到有效推广。

3) 建立装配式建筑体系下的质量、安全管理模式。装配式建筑与传统的现浇建筑在技术方面存在较大差异，所以需要对装配式建筑的质量与安全管理模式进行重新设计，这样才能帮助装配式建筑行业稳步健康发展。

4) 推动工程总承包模式。对于装配式建筑而言，工程总承包模式是最有利的一种。政府应在装配式建筑中推广使用工程总承包模式，从而促进装配式行业的良性发展。

从以上叙述不难看出，政府的有效管理对装配式建筑行业的健康良性发展起着非常重要的作用。

(2) 从企业管理角度，装配式建筑的各参与方都需要进行有效的管理。

1）建设方是推动装配式建筑发展的总牵头单位，是否采用工程总承包模式，是否能够有效协调设计、施工、构件生产企业等，都将直接关系装配式建筑工程项目能否较好完成，可以说，建设单位的管理起着决定性作用。

2）对于设计单位，在进行建筑设计及深化设计中是否充分考虑了组成装配式建筑的部品部件的生产、运输、施工等便利性因素，也是决定工程项目能否顺利实施的重要因素。

3）对于施工单位，在装配式建筑施工过程中是否科学设计了项目的实施方案，比如塔式起重机的布置、吊装班组的安排、部品部件运输车辆的调度等，以及对整个工程造价的有效管控，同样将影响工程项目能否顺利完成及企业能否稳定发展。

此外，监理以及构件生产等企业的有效管理，都将有助于工程项目的顺利进行，促进行业的良性发展。

2. 有效的管理保证各项技术措施的有效实施

装配式建筑实施过程中生产、运输、施工等环节都需要有效的管理作为保障，也只有有效的管理才能确保各项技术措施的有效实施。比如，装配式建筑的核心是构件的连接，连接的好坏直接影响着结构的安全，尽管目前已具备高质量的连接材料和可靠的连接技术，但如果缺失有效的管理，比如操作工人没有意识到或者是根本不知道连接的重要性，就会给装配式建筑带来灾难性的后果。图8.1所示为某构件的灌浆孔普遍存在封堵不密实现象，造成套筒内部分灌浆料外渗，给结构安全埋下了隐患。事实上，有效的工程管理甚至比技术更为重要。

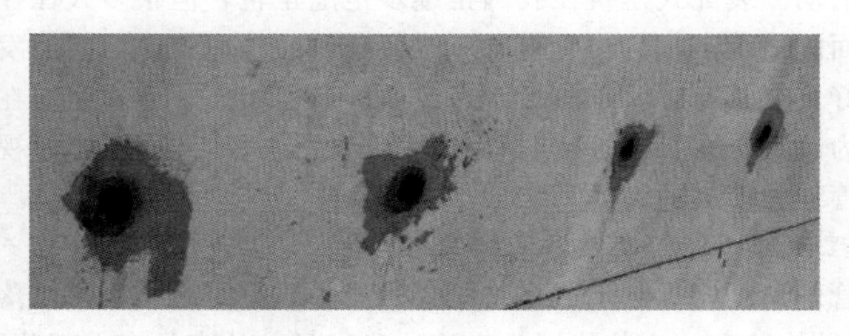

图8.1　灌浆孔封堵不密实造成灌浆料外渗现象

8.2　政府对装配式建筑工程的管理

8.2.1　政府应解决的装配式建筑工程管理中的问题

装配式建筑是一种新型施工方式，其在近年来的发展速度十分明显，但由于我国起步较晚，所以相关的质量控制体系和监管措施目前仍处于未成熟状态，这在一定程度上给装配式建筑工程项目管理工作带来一定的阻碍。政府应解决的装配式建筑工程管理中的问题主要有以下几点：

(1) 建设单位主观意识不强。我国当前的装配式建筑发展主要靠政府强力推动，多数建设单位主观意识不强，甚至是敷衍应付状态，缺乏积极应对困难和问题的热情。

(2) 设计边缘化、后期化。设计环节是装配式建筑的主导环节，从设计初期就应当进行建筑结构系统、外围护系统、内装系统及设备与管线系统的集成，进行适于装配式建筑特点的优化设计，实现装配式建筑的效益最大化。但我国目前很多装配式建筑设计没有实现集成化协同设计，而是仅仅按传统现浇建筑设计好之后再进行后期深化拆分设计。主要的原因，一是建设单位缺乏对装配式建筑系统的认识，对统筹设计没有足够重视；二是传统的建筑设计院动力不足，装配式建筑增加了设计的工作量，但设计费并没有增加或增加不多。最终的结果就是本应在装配式建筑项目实施中处于龙头地位的设计被边缘化、后期化。

（3）施工企业积极性不高。主要原因有3个：一是施工企业熟悉原有的现浇模式，思维惯性和行为惯性较强，很多企业不愿意尝试新的建造方式；二是采用装配式建造方式，很多施工企业缺乏相应的施工技术水平、配套的机械设备和模具等；三是采用装配式施工，意味着一部分工程费被预制构件厂家分走，施工企业利益受损。

（4）政府管理系统协同性不强。主要表现在3个方面：一是施工图审查没有加入装配式建筑专篇，或审核不严；二是质量管理部门对新的监管模式缺乏有效办法，比如尽管目前对预制构件厂采取监理前置驻厂管理模式，但往往流于形式，对现场吊装、灌浆等施工环节也缺乏有效监管；三是推动适合装配式建筑发展的工程总承包模式和BIM技术等措施，在政府各部门的系统协同推进过程中也存在问题。

（5）人才匮乏的问题。缺少有经验的设计、研发、管理人员和技术工人等人力资源，导致装配式建筑发展中很多技术目标无法实现。

以上存在的问题，都需要政府今后在装配式建筑工程管理工作中逐步解决，逐步完善。

8.2.2　政府对装配式建筑工程相关政策的完善

装配式建筑的健康可持续发展离不开相关政策体系的支持，所以除了要对法律法规体系进行不断优化和完善之外，还要在政策方面给予相应的扶持，加强其监督管理机制的建立，进而为装配式建筑的发展提供良好的政策环境。在相关政策的完善方面，国家行业主管部门与地方政府尤其是市级政府的职责有所不同。

1. 国家行业主管部门

国家行业主管部门的职责重心在于做好装配式建筑发展的顶层设计，统筹协调各地装配式建筑发展，具体包括：

（1）完善装配式建筑通用的国家强制性标准，制订强制性标准提升计划以及技术发展路线图。

（2）制定有利于装配式建筑市场良性发展的建设管理模式以及相应的奖励和支持政策，建立统计评价体系。

（3）在给予装配式建筑相应支持政策的同时，加大对质量、节能、防火等方面的监管，严格执行建筑质量、安全、环保、节能和绿色建筑的标准。

（4）对不适应装配式建筑发展的有关法律、法规及制度进行修改、补充和完善。

（5）开展国内国外的宣传交流、合作、经验推广以及技术培训等工作。

2. 地方政府层面

地方政府应在中央政府制定的装配式建筑发展框架内，结合地方实际情况，制定有利于本地区产业发展的政策和具体措施，并组织实施。包括：

（1）制定适合本地实际的产业支持政策和财税、资金补贴政策，如在土地出让环节中针对出让条件、出让金、容积率等方面给予装配式建筑支持政策。

（2）编制符合本地发展的装配式建筑整体发展规划。

（3）建立并完善地方技术标准体系，制定适合本地区的装配式部品部件标准化要求。

（4）推动装配式建筑工程建设，开展试点示范工程建设，做好建设各环节的审批、服务和验收管理工作。

（5）制定装配式工程监督管理制度并实施，重点关注装配式建筑工程质量与安全。

（6）推进相关产业园区建设和招商引资等工作，形成产业链齐全、配套完善的产业园区格局，支持和鼓励本地企业投资建厂或利用现有资源进入装配式领域。

（7）开展宣传交流、国际合作、经验推广等工作，举办研讨会、交流会或博览会等活动。

（8）开展技术培训，可通过行业协会组织培养技术、管理和操作环节的专业人才及产业技术工人队伍。

（9）地方政府的各相关部门应依照各自职责做好对装配式建筑项目的支持和监管工作。

图8.2　沈阳万科春河里住宅施工现场

图8.2所示为沈阳万科春河里住宅区的施工现场照片，该项目建筑面积70万m^2，启动于2011年，是中国第一个在土地出让环节加入装配式建筑要求的商业开发项目，也是中国第一个大规模采用装配式建造方式建设的商品住宅项目。

8.2.3　政府对装配式建筑的质量监管

为住房者提供一个质量可靠、安全、绿色环保的建筑产品是整个装配式建筑行业的根本目标，政府应把装配式建筑质量管理作为一项重要的工作内容。

（1）在设计环节，强化设计施工图审查管理，重点审查结构连接节点是否符合相关技术规范的要求，同时要明确项目总设计单位应对装配式建筑的各个深化设计负总责。

（2）在构件制作环节，要充分发挥监理单位的作用，实行驻厂监理，对关键环节应旁站监理，政府也应定期对工厂制作环节进行抽查或巡检，以确保构件质量。

（3）在安装施工环节，建设单位或监理单位应对构件连接部位的施工进行旁站监理，并对现场作业进行拍照或录像留存记录，政府也应组织抽查巡检，除了必要的检测工作外，还应强化对连接部位和隐蔽工程的验收，验收通过后方可进行下一步的施工。

（4）在验收环节，政府对装配式建筑可采用分段验收的管理方式，在完成分段验收后，还应在主体完成后进行全面验收和检测，如检测建筑整体是否发生沉降，以及对节能热工进行检测验收等。验收时应注意工程档案和各项记录的收集、整理，确保档案真实、齐全。

政府对装配式建筑的质量监管要点如图8.3所示。

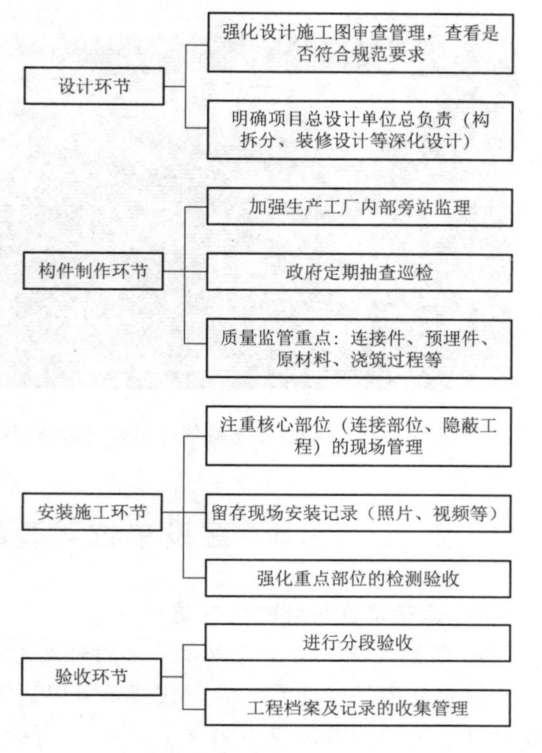

图8.3 政府对装配式建筑质量监管要点

8.2.4 政府对装配式建筑的安全监管

政府对装配式建筑的安全监管应当覆盖装配式建筑构件生产、运输、入场、堆放及吊装等各个环节。

（1）在构件生产环节，政府对预制构件工厂安全监管的重点是生产流程的安全设施保证，安全操作规程的制定与执行，起重、电气等设备的定期安全检查。通过驻厂监理进行日常监管，并定期组织安全巡查。

（2）在运输环节，安全监管的重点是专用安全运输设施的配备、构件摆放以及成品保护措施（图8.4），交通监管环节要禁止车辆超载、超宽、超高、超速和急转急停等。

（3）在构件入场环节，应合理设计进场顺序，最好能直接吊装就位，形成流水作业，以减少现场装卸和堆放，从而大大降低安全风险。

（4）构件堆放环节是装配式建筑的重要安全风险点。由于预制构件种类繁多，不同的预制构件需要不同的存储堆放方式，堆放不当可能会引起构件倾倒事故发生，也可能使构件造成损坏（如裂缝），从而影响结构安全。堆放场地要求为有一定承载力的硬质水平地面，叠合楼板水平堆放，上下层之间要加入垫块，码垛层数一般不超过6层（图8.5），墙板构件竖直堆放，应制作防止倾倒的专用存放架（图8.6）。

图8.4 预制构件运输防护架

（5）在构件吊装环节，政府安全管理部门应监督施工单位设计合理的吊装方案并严格规范吊装程序，审核监理方案及监理细则，监督监理单位对吊装方案进行审核并旁站监督。此外，还应抽查施工现场的吊装情况。

总之，政府部门应通过制定相关安全制度，加强技术人员培训，定期开展安全专项检查，从施工开始阶段就规范安全生产，对存在问题的项目及设备进行整顿清理，以便尽可能把安全隐患消灭于萌芽阶段。

图8.5　叠合楼板水平堆放不得超过限制层数

图8.6　墙板构件竖直堆放并配备存放架

8.3　建设单位对装配式建筑工程的管理

8.3.1　建设单位与装配式建筑

1. 装配式建筑给建设单位带来的好处

(1) 从产品层面看。装配式建筑可以显著提高房屋的质量与使用功能，使现有建筑产品升级，为消费者提供更为安全、可靠、耐久、适用的建筑产品，有效解决现浇建筑的诸多质量通病，降低顾客投诉率，提升房地产企业品牌。

(2) 从投资层面看。装配式建筑如能有效管理，可以大大缩短建设周期，提前销售房屋，加快建设单位的资金周转率，减少财务成本。

(3) 从社会层面看。装配式建筑按国家标准是4个系统（结构系统、外围护系统、内装系统、设备与管线系统）的集成，实行全装修、提倡管线分离等，对提升产品质量具有重要意义，符合绿色施工和环保节能要求，是符合社会发展趋势的建设方式。

2. 装配式建筑给建设单位带来的问题

(1) 从成本角度看。现阶段装配式建筑成本高于现浇混凝土建筑，尤其对于经济相对不发达、房屋售价不高的地区，成本增加占比相对较大，建设单位不愿意投入更多成本来建设装配式建筑。

(2) 从资源角度看。装配式建筑体系产业链尚不完善，相关配套资源地区分配不均，从事或熟悉装配式建筑的设计、生产、施工、监理、检测等企业数量不多。从业人员不足，经验欠缺，给建设单位在设计生产、质量控制、监督检测等方面进行有效实施和管理带来了较多的困难。

(3) 从市场角度看。消费者对装配式建筑认知度不高，建设单位担心引起不必要的麻烦，因此往往也弱化宣传装配式建筑。

8.3.2　建设单位对装配式建筑全过程质量管理

建设单位作为装配式建筑第一责任主体，必须对装配式建筑进行全过程质量管理，主要体现在以下各环节中。

1. 设计环节

(1) 经过定量的方案比较，选择符合建筑使用功能、结构安全、装配式特点和成本控制要求的适宜的结构体系，并进行结构概念设计和优化设计，确定适宜的结构预制范围及装配率。

(2) 按照规范要求进行结构分析、计算，避免拆分设计改变初始计算条件而未做相应的调整，由此影响使用功能和结构安全。

(3) 进行4个系统集成设计，尽可能选择集成化部品部件。

(4) 进行统筹设计，将建筑、结构、装修、设备与管线等各个专业以及制作、施工各个环节的信息进行汇总，对预制构件的预埋件和预留孔洞等设计进行全面细致的协同设计，避免遗漏和碰撞。

(5) 设计应实现模数协调，并给出制作、安装的允许误差。

(6) 对关键环节的设计（如构件连接、夹心保温板设计）和重要材料的选用（如灌浆套筒、灌浆料、拉结件的选用）进行重点管控。

2. 构件制作环节

(1) 按照装配式建筑标准的强制性要求，对灌浆套筒、夹心保温板的拉结件做抗拉实验。灌浆套筒作为最主要的结构连接件，未经实验便批量制作生产，会带来重大的安全隐患。在浆锚搭接中金属波纹管以外的成孔方式也须做试验，验证后方可使用。

(2) 对钢筋、混凝土原材料、套筒、预埋件的进场验收进行管控、抽查。

(3) 对模具质量进行管控，确保构件尺寸、套筒及伸出钢筋的位置在允许误差范围以内。

(4) 进行构件制作环节的隐蔽工程验收。

(5) 对混凝土浇筑、养护进行重点质量管控。

3. 施工安装环节

(1) 构件和灌浆料等重要材料进场需验收合格后方可使用。

(2) 与构件连接的伸出钢筋的位置及长度在允许误差范围以内。

(3) 吊装环节保证构件标高、位置、垂直度准确，套筒或浆锚搭接孔与钢筋连接顺畅。当钢筋或套筒位置不准时严禁采用煨弯钢筋以便勉强插入的做法，严格监控割断连接钢筋或凿开浆锚孔的破坏性安装行为。

(4) 构件临时支撑安全可靠，斜支撑地锚应与叠台楼板桁架筋连接。

(5) 及时进行灌浆作业，随层灌浆，禁止滞后灌浆。

(6) 必须保证灌浆料按规定调制，并在规定时间内使用（一般为30min），必须保证灌浆饱满无空隙。

(7) 对于外挂墙板，确保柔性支座连接符合设计要求。

(8) 在后浇混凝土环节，确保钢筋连接符合要求。

(9) 外墙接缝防水严格按设计规定作业等。

8.3.3 装配式建筑工程承包模式及承包单位的选择

1. 对承包模式的选择

目前我国主要有工程总承包与施工总承包两种承包模式。

工程总承包是一种国际上通行的工程建设项目组织管理形式，是指从事工程总承包的企业按照与建设单位签订的合同，对工程项目的设计、采购、施工等实行全过程的承包，并对工程的质量、安全、工期和造价等全面负责的承包方式。

施工总承包是我国当前较普遍采用的一种工程组织形式，一般包括土建、安装等工程，原则上工程施工部分只有一个总承包单位，装饰、安装部分可以在法律条件允许下分包给第三方施工单位。在建筑工程中，一般来说土建施工单位即是法律意义上的施工总承包单位。

工程总承包负责的内容比施工总承包多，主要是多了对工程设计的承包内容，这是借鉴了工业生产组织的经验，实现建设生产过程的组织集成化，从而在一定程度上克服了设计与施工分离导致的投资增加、管理不协调、影响建设进度和工程质量等弊病。

据统计，我国工程建设项目中 30%存在返工现象，40%存在工期延误和资源浪费现象。造成这些问题的因素很多，一个重要因素是参建各方责任主体间的信息不能相互共享、交流不畅，导致不能相互高效协同。

与现浇混凝土建筑相比，装配式建筑对设计、施工、部品部件制作的相互协调提出了更高的要求，需要建设全过程各个环节高效协同。装配式混凝土建筑在设计时要充分考虑制作、安装甚至后期管理环节的要求和可能出现的问题。一个预制构件可能涉及的预埋件就达到十几种，如果各个专业和各个环节协同不够，就可能遗漏，导致在制作好的构件上砸墙凿洞，带来结构安全隐患。

因此，装配式建筑建议采取工程总承包模式。这有利于促进设计、制作和施工各个环节的协同，克服传统建造模式中由于设计、制作、施工分离导致的责任分散、成本增加、工期延长、技术衔接不好、质量管控难等弊病。同时，还有利于装配式混凝土建筑成本控制，体现为在设计阶段即可从更有利于降低施工和生产成本的角度提出优化方案，从整体上进行成本控制。

2. 对承包单位的选择

建设单位在选择装配式建筑工程总承包单位时要注意以下两点：

(1) 需拥有足够的实力和经验。建设单位应首选具有一定的市场份额和良好的市场口碑，有装配式设计、制作、施工等方面丰富经验的总承包单位。

(2) 能够投入足够的资源。有些实力较强的工程总承包单位，由于项目过多无法投入足够的人力物力。建设单位应做好前期调研，并与总承包单位做好沟通。总承包单位能否配置关键管理人员，构件制作企业是否有足够产能等都应加以考察和关注。

8.3.4　装配式建筑监理单位的选择

建设单位在选择装配式建筑的监理单位时应注意以下 3 点：

(1) 应熟悉装配式建筑的相关规范。目前装配式建筑正处于发展的初期阶段，相关法规、规范并不健全，监理单位应充分了解关于装配式建筑的相关规范，并能运用到日常监督工作中。

(2) 应拥有装配式建筑监理经验。装配式建筑的设计思路、施工工艺、工法与传统现浇建筑有较大差异，给监理单位在审查和监督施工时带来较大挑战，因此监理公司的相关经验很重要，要关注监理人员是否经过专业培训，是否有完善的装配式建筑监理流程和管理体系等。

(3) 应具备信息化能力。装配式建筑的监理单位应掌握BIM及相关信息化管理能力，实现预制构件生产及安装的全过程监督、监控。

8.3.5 构件制作单位的选择

我国已取消预制构件企业的资质审查认定，从而降低了构件生产的门槛。建设单位在选择构件制作单位时一般有3种形式：总承包方式、工程承包方式和建设单位指定方式。一般情况下不建议采用建设单位指定的方式，避免出现问题后相互推诿。采用前两种模式选择构件制作单位时应注意以下要点：

(1) 具有较丰富的经验。有经验的预制构件企业在初步设计阶段就会提早介入，提出模数标准化的相关建议。在预制构件施工图设计阶段，预制构件企业需要对建筑图样有足够的拆分能力与深化设计的能力，考虑构件的可生产性、可安装性、建筑整体的防水防火性能等相关因素。

(2) 有足够的生产能力，能够同时供应多个项目施工安装的需求。

(3) 有完善的质量控制体系。预制构件企业要有足够的质量控制能力，在材料供应、检测试验、模具生产、钢筋制作绑扎、混凝土浇筑、预制件养护脱模、预制件储存、交通运输等方面都要有相应的规范和质量管控体系。

(4) 有基本的生产设备及场地。要有实验检测设备及专业人员，基本生产设施要齐全，要有足够的构件堆放场地。

(5) 具备信息化能力。应有独立的生产管理系统，实现预制构件产品的全生命周期管理、生产过程监控系统、生产管理和记录系统、远程故障诊断服务等。

8.4 监理单位对装配式建筑工程的管理

8.4.1 装配式混凝土建筑的监理工作特点

装配式混凝土建筑的监理工作比传统现浇混凝土工程的监理工作更为烦琐，也因此对监理人员的素质和技术能力提出了更高的要求，主要表现在以下方面。

(1) 监理范围的扩大。监理工作从传统现浇作业的施工现场延伸到了预制构件工厂，增加了驻厂监理的任务，并且监理工作要提前介入到构件模具设计过程中。同时，要考虑施工阶段的要求，例如：构件重量、预埋件、机电设备管线、现浇节点模板支设、预埋等。

(2) 依据的规范数量增加。除了依据现浇混凝土建筑的所有规范外，还增加了装配式建筑的专用标准和规范。

(3) 安全监理增项。在安全监理方面，主要增加了工厂构件制作、搬运、存放过程的安全监理；构件从工厂到工地运输的安全监理；构件在工地卸车、翻转、吊装、连接、支撑的安全监理等。

(4) 质量监理增项。装配式建筑工程的监理在质量管理基础上增加了内容：工厂原材料和外加工部件、模具制作、钢筋加工等监理；套筒灌浆抗拉试验；拉结件试验验证；浆锚灌浆内模成孔试验验证；钢筋、套筒、金属波纹管、拉结件、预埋件入模或锚固监理；

预制构件的隐蔽工程验收；工厂混凝土质量监理；工地安装质量和钢筋连接环节（如套筒灌浆作业环节）质量监理；叠合构件和后浇混凝土的混凝土浇筑质量监理等。

此外，由于装配式建筑的结构安全有“脆弱点”，导致旁站监理环节增加，装配式建筑在施工过程中一旦出现问题，能采取的补救措施较少，从而对监理工作的能力提出了更高的要求。

8.4.2 监理单位对装配式建筑工程的管理内容

监理单位对装配式建筑工程的管理内容，除了现浇混凝土工程所包括的所有管理内容外，还包括以下内容：

(1) 搜集装配式建筑的国家标准、行业标准、项目所在地的地方标准。

(2) 对项目出现的新工艺、新技术、新材料等，编制监理细则与工作程序。

(3) 应建设单位要求，在建设单位遴选总承包、设计、制作、施工企业时，提供技术性支持。

(4) 参与组织设计单位、构件制作单位、施工单位进行协同设计。

(5) 参与组织设计交底与图纸审查，重点检查预制构件图各个专业各个环节需要的预埋件、预埋物有无遗漏或碰撞。

(6) 在预制构件工厂进行驻厂监理，全面监管构件制作各环节的质量与生产安全。

(7) 对装配式建筑安装进行全面监理，监理各作业环节的质量与生产安全。

(8) 组织装配式建筑工程的各工序验收。

8.5 设计单位对装配式建筑工程的管理

设计单位对装配式建筑工程的管理要点包括以下内容。

1. 统筹管理

装配式建筑设计是一个有机的整体，不能简单进行“拆分”，而应当更紧密地统筹。除了建筑设计各专业外，必须对装修设计统筹，对拆分和构件设计统筹，即使有些环节委托专业机构参与设计，也必须在设计单位的组织领导下进行，纳入到统筹范围之内。

2. 建筑师与结构工程师主导

装配式建筑的设计应当由建筑师和结构工程师主导，而不是常规设计之后交由拆分机构主导。建筑师要组织好各个专业的设计协同和4个系统部品部件的集成化设计。

3. “三个提前”

(1) 关于装配式的考虑要提前到方案设计阶段。

(2) 装修设计要提前到建筑施工图设计阶段，与建筑、结构、设备管线各专业同步进行，而不是在全部设计完成之后才开始。

(3) 同制作、施工环节人员的互动与协同应提前到施工图设计之初，而不是在施工图设计完成后进行设计交底的时候才开始接触。

4. 建立协同平台

装配式混凝土建筑工程的设计强调协同设计。协同设计就是一体化设计，是指建筑、结构、水电、设备、装修各个专业互相配合，设计、制作、安装各个环节互动，运用信息化技术手段进行一体化设计，以满足制作、施工和建筑物长期使用的要求。

装配式混凝土建筑强调协同设计，主要原因如下：

（1）装配式建筑的特点要求部品部件相互之间精准衔接，否则无法装配；

（2）现浇混凝土建筑虽然也需要各个专业间的配合，但不像装配式建筑要求这么紧密和精细，装配式建筑各个专业集成的部品部件，必须由各个专业设计人员协同设计；

（3）现浇混凝土建筑的许多问题可在现场施工时解决或补救，而装配式建筑一旦有遗漏或出现问题，则很难补救，也可以说装配式混凝土建筑对设计时的遗漏和错误宽容度很低。图8.7所示为一块安装好的预制墙板，因设计疏忽，构件设计图中没有预埋电气管线内容，导致墙板安装好之后发现无法敷设电线，不得不在构件表面凿线槽进行埋设，这样做不仅增加工作量，还给结构安全埋下隐患。图8.8所示为另一工程某块墙板安装好之后，发现预埋管出现偏位现象，只得在安装管线时重新在预制构件上凿槽，对构件造成一定的破坏。

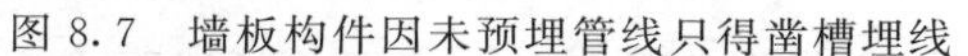

图8.7 墙板构件因未预埋管线只得凿槽埋线

图8.8 墙板预埋管出现偏位只得重新凿槽埋线

装配式混凝土建筑的设计是一个有机的过程，“装配式”的概念应伴随着设计全过程，需要建筑师、结构设计师和其他专业设计师密切合作与互动，还需要设计人员与制作厂家、安装施工单位的技术人员密切合作与互动，从而实现设计的全过程协同。

5. 设计质量管理要点

装配式混凝土建筑的设计深度和精细程度要求更高，一旦出现问题，往往无法补救，造成很大损失并延误工期。因此必须保证设计质量，要点包括以下内容。

（1）结构安全是设计质量管理的重中之重。由于装配式混凝土建筑的结构设计与机电安装、施工、管线敷设、装修等环节需要高度协同，专业交叉多、系统性强，在结构设计过程中还涉及结构安全的问题，因此应当重点加强管控，实行风险清单管理，如夹心保温连接件、关键连接节点的安全问题等必须列出清单。

（2）必须满足规范、规程、标准、图集的要求。这是基本要求，满足规范要求是保证结构设计质量的首要保证。设计人员必须充分理解和掌握规范、规程的相关要求，从而在设计上做到有的放矢，准确灵活应用。

（3）必须满足《设计文件编制深度》的要求。2015年出版的《建筑工程设计文件编制深度规定》作为国家性的建筑工程设计文件编制工作的管理指导文件，对装配式建筑设计从方案设计、初步设计、施工图设计、预制混凝土专项设计的文件编制深度做了全面的补充，是确保各阶段设计文件的质量和完整性的权威规定。

(4) 编制统一技术管理措施。根据不同的项目类型特点，制定统一的技术措施，这样就不会因人员变动而带来设计质量的波动，甚至在一定程度上可以降低设计人员水平的差异，使得设计质量保持稳定。

(5) 建立标准化的设计管控流程。装配式建筑的设计有其自身的规律性，依据其规律性制定标准化设计管控流程，对于项目设计质量提升具有重要意义。一些标准化、流程化的内容甚至可以使用软件来控制，形成后台的专家管理系统，从而更好地保证设计质量。

(6) 建立设计质量管理体系。在传统设计项目上，设计院已形成的质量管理标准和体系，比如校审制度、培训制度、设计责任分级制度，都可以在装配式建筑上延用，并进一步扩展补充，建立新的协同配合机制和质量管理体系。

(7) 采用 BIM 技术设计。按照《装配式混凝土建筑技术标准》3.0.6 条要求：装配式混凝土建筑宜采用建筑信息模型（BIM）技术，实现全专业、全过程的信息化管理。采用 BIM 技术对提高工程建设一体化管理水平具有重要作用，极大地避免了人工复核带来的局限，从技术上提升、保证了设计的质量和工作效率。

8.6　构件制作单位对装配式建筑工程的管理

预制混凝土构件制作单位的管理内容包括生产管理、技术管理、质量管理、成本管理、安全管理和设备管理等。

8.6.1　生产管理

生产管理的主要目的是按照合同约定的交货期交付合格的产品，主要包括以下内容。

(1) 编制生产计划。根据合同约定和施工现场安装顺序及进度要求，编制详细的构件生产计划。然后根据构件生产计划编制模具制作计划、材料计划、配件计划、劳保用品和工具计划、劳动力计划、设备使用计划、场地分配计划等。

(2) 实施各项生产计划。

(3) 按实际生产进度检查、统计、分析。建立统计体系和复核体系，准确掌握实际生产进度，对生产进程进行预判，预先发现影响计划实现的问题和障碍。

(4) 调整、调度和补救生产计划。可通过调整计划，调动资源如加班、增加人员、增加模具等，或采取补救措施如增加固定模台等，及时解决影响生产进度的问题。

8.6.2　技术管理

预制混凝土构件制作企业技术管理的主要目的是按照设计图样和行业标准、国家标准的要求，生产出安全可靠、品质优良的预制构件，主要内容包括：

(1) 根据产品特征确定生产工艺，按照生产工艺编制各环节操作规程；

(2) 建立技术与质量管理体系；

(3) 制定技术与质量管理流程，进行常态化管理；

(4) 全面领会设计图样和行业标准、国家标准关于制作的各项要求，制定落实措施；

(5) 制定各作业环节和各类构件制作技术方案。

8.6.3 质量管理

1. 质量管理的主要内容

(1) 根据《装配式混凝土建筑技术标准》9.1.1条规定：生产单位应具备保证产品质量要求的生产工艺设施、试验检测条件，建立完善的质量管理体系和制度，并宜建立质量可追溯的信息管理化系统。因此，构件制作单位在质量管理上应当建立质量管理体系、制度和信息管理化系统。

(2) 质量管理体系应建立与质量管理有关的文件形成过程和控制工作程序，应包括文件的编制（获取）、审核、批准、发放、变更和保存等。与质量管理有关的文件包括法律法规和规范性文件、技术标准、企业制定的质量手册、程序文件以及规章制度等质量体系文件。

(3) 信息化管理系统应与生产单位的生产工艺流程相匹配，贯穿整个生产过程，并应与构件BIM信息模型有接口，有利于在生产全过程中控制构件生产质量，并形成生产全过程记录文件及影像。

2. 质量管理的特点

预制混凝土构件制作单位的质量管理主要围绕预制构件质量、交货工期、生产成本等开展工作，具备如下特点。

(1) 标准为纲。构件制作单位应制定质量管理目标、企业质量标准，执行国家及行业现行相关标准，制定各岗位工作标准、操作规程、原材料及配件质量检验制度、设备运行管理规定及保养措施，并以此为标准开展生产。

(2) 培训在先。构件制作企业应先行组建质量管理组织架构，配备相关人员，按照岗位进行理论培训和实践培训。

(3) 过程控制。按照标准、操作规程，严格检查预制混凝土生产各个环节是否符合质量标准要求，对容易出现质量问题的环节要提前预防并采取有效的管理手段和措施。

(4) 持续改进。对出现的质量问题要找出原因，提出整改意见，确保不再出现类似的质量事故。对使用新工艺、新材料、新设备等环节的人员要先行培训，并制定标准后再开展工作。

8.6.4 成本管理

目前我国装配式混凝土建筑的成本高于现浇混凝土建筑，其主要原因有3个：一是社会因素，市场规模小，导致生产摊销费用高；二是由于结构体系不成熟，或是技术规范相对审慎所造成的成本高；三是没能形成专业化生产，构件工厂生产的产品品种多，无法形成单一品种大规模生产。

降低构件制作单位生产成本，主要有以下途径。

1. 降低建厂费用

(1) 根据市场的需求和发展趋势，明确产品定位，可以生产多样化的产品，也可以选择生产一种产品。

(2) 确定适宜的生产规模，可以根据市场规模逐步扩大。

(3) 根据实际生产需求、生产能力、经济效益等多方面综合考虑，确定生产工艺，选择固定台模生产方式或流水线生产方式。

（4）合理规划工厂布局，节约用地。

（5）制定合理的生产流程及转运路线，减少产品转运。

（6）选购合适的生产设备。

（7）预制构件制作企业在早期可以通过租厂房、购买商品混凝土、采购钢筋成品等社会现有资源启动生产。

图8.9所示为日本某著名的预制构件厂，虽然厂房比较简易，生产车间也比较紧凑，但是却生产出了质量享誉世界的预制混凝土构件。

图8.9　日本预制构件厂紧凑的生产车间

2. 优化设计

在设计阶段要充分考虑构件拆分和制作的合理性，尽可能减少规格型号，注重考虑模具的通用性和可修改替换性。

3. 降低模具成本

模具费用占构件制作费用的5%～10%。根据构件复杂程度及构件数量，可选择不同材质和不同规格的材料来降低模具造价，如水泥基替代性模具的使用。通过增加模具周转次数和合理改装模具，从而降低构件成本。

4. 合理的制作工期

与施工单位做好合理的生产计划和合理的工期，可保证项目的均衡生产，降低人工成本、设备设施费用、模具数量以及各项成本费用的分摊额，从而达到降低预制构件成本的目的。

5. 有效管理

通过有效的管理，建立健全并严格执行管理制度，制定成本管理目标，改善现场管理，减少浪费，加强资源回收利用。执行全面质量管理体系，降低不合格品率，减少废品。合理安排劳动力技术，降低人工成本。

8.7　施工单位对装配式建筑工程的管理

8.7.1　施工单位对装配式建筑工程管理的主要内容

装配式混凝土建筑工程的施工管理与传统现浇建筑工程的施工管理大体相同，同时也具有一定的特殊性。装配式混凝土建筑施工企业的管理不但要建立传统工程应具备的项目进度管理体系、质量管理体系、安全管理体系、材料采购管理体系以及成本管理体系等，还需针对装配式混凝土建筑工程施工的特点，进行相应的施工管理，包括构件起重吊装、构件安装及连接、注浆顺序，构件的生产、运输、进场存放以及塔式起重机安装位置等，补充完善相应的管理体系。

8.7.2　装配式混凝土建筑与现浇建筑在施工管理上的不同点

装配式建筑与传统现浇建筑在施工管理上有以下不同点：

（1）作业环节不同，增加了预制构件的安装和连接。

(2) 管理范围不同，不仅管理施工现场，还要前伸到混凝土预制构件的制作环节，例如：技术交底、计划协调、构件验收等。

(3) 与设计的关系不同，原来是按图施工，现在设计还要反过来考虑施工阶段的要求，例如：构件重量、预埋件、机电设备管线、现浇节点模板支设预埋等。设计阶段由施工过程中的被动式变成互动式。

(4) 施工计划不同，施工计划分解更详细，不同工种要有不同工种的计划。

(5) 所需工种不同，除传统现浇建筑施工工种外，还增加了起重工、安装工、灌浆料制备工、灌浆工及部品安装工。

(6) 施工设备不同，需要吊装大吨位的预制构件，因此对起重机设备要求不同。

(7) 施工工具不同，需要专用吊装架、灌浆料制备工具、灌浆工具以及安装过程中的其他专用工具。

(8) 施工设施不同，需要施工中固定预制构件使用的斜支撑、叠合楼板的支撑、外脚手架、防护措施等。

(9) 测量放线工作量不同，测量放线工作量加大。

(10) 施工精度要求不同，尤其在现浇与混凝土预制构件连接处的作业精度要求更高。

8.7.3 装配式混凝土建筑施工质量管理的关键环节

装配式混凝土建筑施工质量管理的关键环节，直接影响整体结构质量，必须高度重视。

(1) 现浇层预留插筋定位环节。现浇层预留插筋定位不准，会直接影响到上层预制墙板或柱的套筒无法顺利安装。预埋插筋时，宜采用事先制作好的定位钢板定位插筋，可以有效解决这一问题。

(2) 吊装环节。吊装环节是装配式建筑工程施工的核心工序，吊装的质量和进度将直接影响主体结构质量及整体施工进度。

(3) 灌浆环节。灌浆质量的好坏直接影响到竖向构件的连接，如果灌浆质量出现问题，将对整体的结构质量产生致命影响，必须严格管控。施工时要有专职质检员及监理旁站，并留影像资料。灌浆料要符合设计要求，灌浆人员要经过严格培训上岗。

(4) 后浇混凝土环节。后浇混凝土是预制构件横向连接的关键，要保证混凝土强度等级符合设计标准，浇筑振捣要密实，浇筑后要按规范要求进行养护。

(5) 外挂墙板螺栓固定环节。外挂墙板螺栓固定质量的好坏直接影响到外围护结构的安全，因此要严格按设计及规范要求施工。

(6) 外墙打胶环节。外墙打胶关系到装配式混凝土建筑结构的防水，一旦出现问题，将产生严重的漏水隐患。因此，打胶环节要使用符合设计标准的原材料，打胶操作人员要经过严格培训方可施工。

课 后 练 习 题

(1) 政府层面应从哪些环节入手对装配式混凝土建筑工程进行质量与安全管理?

(2) 建设单位主要通过哪些环节对装配式建筑进行质量管理?

(3) 请简述为什么装配式建筑宜采用工程总承包模式。

（4）建设单位在选择监理单位和构件制作单位时应注意哪些要点？

（5）监理单位对装配式混凝土建筑工程的管理内容有哪些？

（6）设计单位对装配式混凝土建筑工程的管理要点有哪些？

（7）构件制作单位对装配式混凝土建筑工程的管理包括哪些内容？

（8）构件制作单位对于质量管理的主要内容有哪些？

（9）施工单位对装配式建筑工程管理的主要内容有哪些？

（10）请简述装配式混凝土建筑与现浇混凝土建筑在施工管理上的不同点有哪些。

第9章 装配式建筑与BIM

学习目标

(1) 掌握BIM技术的概念。

(2) 了解BIM技术在装配式建筑设计阶段和施工阶段中的应用价值。

(3) 了解装配式建筑各个环节应用BIM的目标。

9.1 BIM 简 介

BIM技术理念主要兴起于20世纪70年代，美国联邦总务署率先于公共基础设施建设项目中推广BIM技术，并为美国BIM技术发展应用提出了指导意见。从全球BIM技术实际应用视角来看，BIM技术已被公认为是影响建筑行业变革的主要推动手段。加拿大、英国、新加坡等国均在本国建筑业鼓励倡导采纳推行BIM技术，并从国家层面予以相应的政策鼓励支持。

引用美国国家BIM标准（NBIMS）对BIM的定义，定义由3部分组成：

(1) BIM是一个设施（建设项目）物理和功能特性的数字表达。

(2) BIM是一个共享的知识资源，是一个分享有关这个设施的信息，为该设施从建设到拆除的全生命周期中的所有决策提供可靠依据的过程。

(3) 在项目的不同阶段，不同利益相关方通过在BIM中插入、提取、更新和修改信息，以支持和反映其各自职责的协同作业。

具体来说，建筑信息模型（Building Information Modeling，BIM）是以三维方式展现建筑物，并在三维建筑模型中以底层数据信息作为支持，使模型与实际工程项目相联系，通过三维数字模型模拟建筑物的真实情况。依托于信息建立起来的BIM模型，更好地适用于建设项目的全寿命周期管理，包括项目前期决策阶段、项目施工阶段、物业管理阶段和报废回收阶段。为项目各参与方提供高效协同平台，减少项目实施过程中因不协同而造成的损失。

初期，人们误以为BIM仅仅就是一款软件，一个可以用来三维呈现建筑实物的虚拟技术，并能从虚拟构造物上快速注释及提取出各类人们需要的信息。但随着人们对BIM技术认识的加深，后来发现其功能和广阔的应用前景不仅仅只是一款软件可以胜任的。其实，BIM更是一个“方法论”，是“信息化技术”切入建筑业并帮助提升建筑业整体水平的一套全新方法。在此之前，传统工程领域的技术交流、信息传递基本都是依靠二维的抽象符号来表达一个个具体的实物，那时建筑业技术壁垒高筑，而BIM的基础在于三维图形图像技术，是用三维具象符号来表达一个个具体的实物，这时的建筑技术变得如同搭积木一样有序而可视。BIM的核心内容在于信息数据流，这些信息从真实实物诞生开始逐步完善，并以电子数据的形式存在，在不同阶段都发挥出最大的作用，直至真实世界里的实物使用完毕报废，附在其上的信息数据流才完成使命，可以说信息数据流是BIM的“灵魂”。

BIM的信息传递最普遍的介质就是电子媒介，随着即时通信技术、互联网技术的飞速发展，各类移动终端设备的大量普及应用，纸类介质在BIM信息传递过程中完全被边缘化。因为电子媒介的出现，凡是通电有网络的环境，BIM的信息数据流就会顺畅无阻，信息孤岛被有效遏制。

目前，中国BIM技术发展也已成为一种趋势，BIM技术于国内许多大型基础设施项目中均得到了广泛的应用。从国内政策推广层面来看，住房和城乡建设部针对全球采用BIM技术趋势率先做出回应，颁布国家层面鼓励政策，支持各城市试点推广BIM项目，以推进BIM技术于国内建筑业广泛应用。中央及地方政府层面均制订了BIM技术的指导方针和规章制度，从国家层面到地方层面均鼓励支持推行BIM试点项目。同时为满足特殊设计和绿色建筑的要求，国内一些标志性建筑亦尝试采用BIM技术，例如2008年北京奥运会场馆的建设中，BIM技术贯穿于整个项目的施工阶段，尤其在管理阶段更可以看到BIM技术的应用。此外，国内大型建筑企业也顺应形势，积极采用BIM技术。譬如，中国最大的建筑公司之一——上海建工集团，在其广泛承揽的建设项目中积极采用BIM技术，同时积极影响其项目团队、子公司以及业务合作伙伴开展BIM技术应用。基于BIM技术交互信息平台，参建各个部分于平台上进行高效的信息交互、共享，同时也意识到BIM技术采纳推广所带来的优势（例如，有效减少设计变更、更佳的节能设计、快捷的成本估算以及有效缩短建设周期），国内越来越多的建筑企业致力于采纳推广BIM技术。

9.2 BIM技术在装配式建筑中的应用价值

BIM技术可以提高装配式建筑协同设计效率、降低设计误差，优化预制构件的生产流程，改善预制构件库存管理、模拟优化施工流程，实现装配式建筑运维阶段的质量管理和能耗管理，有效提高装配式建筑设计、生产和施工的效率。

9.2.1 BIM技术在装配式建筑设计阶段中的应用价值

1. 实现预制构件的标准化设计

BIM技术可以实现设计信息的开放与共享。设计人员可以将装配式建筑的设计方案上传到项目的“云端”服务器上，在云端中进行尺寸、样式等信息的整合，并构建装配式建筑各类预制构件（例如门、窗等）的“族”库，如图9.1所示。随着云端服务器中“族”的不断积累与丰富，设计人员可以将同类型“族”进行对比优化，以形成装配式建筑预制构件的标准形状和模数尺寸。预制构件“族”库的建立有助于装配式建筑通用设计规范和设计标准的设立。利用各类标准化的“族”库，设计人员还可以积累和丰富装配式建筑的设计户型，节约户型设计和调整的时间，有利于丰富装配式建筑户型规格，更好地满足居住者多样化的需求。

2. 吊装施工模拟，调整进展与计划

经过对 PC 构件的拆分，为出厂的 PC 构件赋予相应的信息。在 BIM 模型中可将构件从出厂、运输到吊装等进程与时间尺度进行关联，对 PC 构件吊装计划进行三维动态模拟。再将 BIM 模型与项目进展计划进行关联，可实现项目 5D 层面的使用，也可将计划与实际进展进行比照，剖析完成对项目进展的操控与优化。

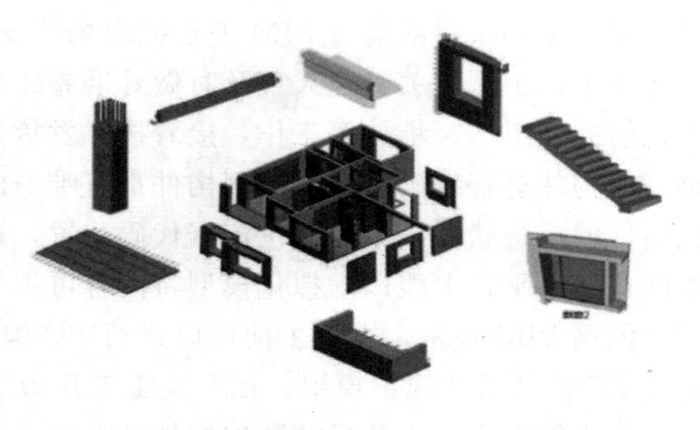

图 9.1　装配式建筑各类预制构件

BIM 技术能够模拟施工现场环境，提早规划起重机方位及途径，有助于进一步提高施工的准确度，并能直接影响施工装置的精确度，达到优选施工计划的目的。

3. 协同作业及问题查看

BIM 技术最大的价值在于信息化和协同办理，为参建各方提供了一个三维规划信息交互的渠道，将不同专业的规划模型在同一渠道上交互合并，使各专业、各参建方协同作业成为可能。问题查看是针对全部建筑规划周期中的多专业协同规划，各专业将建好的 BIM 模型导入 BIM 问题软件，对施工流程进行模拟，展开施工问题查看，然后对问题点仔细剖析、扫除、评论，处理因信息不互通形成的各专业规划抵触，优化工程规划，在项目施工前预先处理问题，削减不必要的设计变更与返工。

9.2.2 BIM 技术在装配式建筑施工阶段中的应用价值

1. 改进预制构件库存和现场办理

通过在预制构件生产过程中嵌入含有构件部位及用处等信息的无线射频识别（RFID）芯片，并将 BIM 技术与 RFID 技术相联系，存储查验人员及物流配送人员能够直接读取预制构件的有关信息，实现电子信息的主动对照，削减在传统的人工查验和物流形式下出现的查验数量误差、构件堆积方位误差、出库记录不精确等问题的出现，能够明显地节省成本。

2. 构件现场吊装及长途可视化监控

施工方案确定后，将储存构件吊装方位及施工时序等信息的 BIM 模型导入到平板手持设备中，根据三维模型查验施工方案，实现施工吊装的无纸化和可视化辅佐。构件吊装前必须进行查验确认，手持设备更新当日施工方案后对工地堆场的构件进行扫描，在准确识别构件信息后进行吊装，并记录构件施工时刻。构件安装就位后，查看员校核吊装构件的方位及其他施工细节，查看合格后，通过现场手持设备扫描构件芯片，确认该构件施工完结，同时记录构件竣工时刻。所有构件的拼装进程及施工时刻都记载在 BIM 体系中，以便查看。这种方法减少了过错的发生，提高了施工效率。

3. 在预制构件安装过程中的应用

在构件生产过程中，先期制作完成的构件或许需要先发往施工现场。如何从预制构件厂的堆场上精确迅速地把某个构件或一定数量某个类型标准的构件直接运送到项目施工现场，通过 BIM 可以实现这一目标。使用信息控制体系与各个部门进行联动，实现信息共享。施工现场项目部通过 BIM 平台把现场待安装的预制构件传递给预制构件厂的信息控制体系中，工厂有关管理人员及时做好准备工作，了解自己的库存，实时反映到体系中，并提前完成出厂、堆放等工作，接着按时发货，完成直接送达项目现场的任务。出厂中对每一块构件进行编码，每块预制构件都有唯一的标签代码，经过信息控制体系记录每一块预制件的运送状况。施工单位依据代码装置，通过手持终端能随时检查安装进程，使施工进度在体系平台上能以虚拟化模型将内容可视化，项目经理随时能够把握施工进度。

依据 BIM 技术，在施工前可以进行 PC 构件吊装施工模拟。依据 PC 构件安装计划，通过 PC 构件吊装施工模拟，在实施施工开始之前对施工计划进行优化合理。由于预制构件尺度不能太大，拆分后的预制构件品种数量较多，安装复杂，吊装模拟动画可以形象地表达一个施工规范层的施工工艺流程，可作为实践施工的辅导。另外，在模拟过程中也能发现一些问题，有利于项目部在现场吊装前对施工计划进行必要的调整。

9.3　装配式建筑各个环节应用 BIM 的目标

9.3.1　设计环节应用 BIM 的目标

设计环节 BIM 所要解决的最主要的目标包括以下几点：

（1）通过定量分析选择适宜的结构体系。

（2）进行优化拆分设计。

（3）避免预制构件内预埋件、预埋物与预留孔洞的出错、遗漏、拥堵或重合。

（4）提高连接节点设计的准确性和制作、施工的便利性。

（5）建立部品部件编号系统，即每种部品部件的唯一编号体系。

在装配式建筑的设计环节，一方面要按照各个专业的理论体系完成项目的整体设计工作，另一方面需要按照现场安装条件、运输吊装条件、预制加工条件及技术规范要求的条件，将这个建筑物拆分成一件一件的建筑部件，设计环节实际上是信息创建的过程，需要保证信息的正确性、完整性、可复制性、可读写性、条理性、传递介质电子化。

对于综合性的装配式建筑，数据量巨大，在信息化实施过程中，数据的管理检索任务繁重，在信息创建初期合理规划好信息的条理性尤为重要。设计阶段拆分出来的部件，需要有完整清晰的相关信息注释，这个信息注释还不能由单一的以纸质媒介的方式出现，需要以电子介质的方式存在于项目云数据中心，存在于未来的每一个环节中。未来的各个环节中的数据都来源于项目云数据中心，并与云数据中心的数据信息互动互联。

在创建信息数据过程中，还需要考虑可能出现的信息管理方面的问题：信息污染和信息紊乱问题、信息产权保护和信息资源共享问题、信息编码与信息标准问题、信息保密与信息安全问题。

9.3.2　生产制造环节应用 BIM 的目标

构件生产制作环节 BIM 所要解决的最主要的目标包括以下内容。

（1）根据施工计划编制生产计划，根据生产可行性与合理性提出对施工计划的调整要求，进行互动协同。生产计划细分到每个构件的制作时间、负责人、工艺流程及出厂时间。

(2) 依据生产计划生成模具计划，包括不同编号的构件共用同一模具或改用模具的计划。

(3) 构件制作的三维图样（包括形状、尺寸、出筋位置与长度、套筒或金属波纹管位置），作为模具设计的依据和检验对照。

(4) 预制构件钢筋骨架、套筒、金属波纹管、成孔内模、预埋件、吊点、预埋物等多角度三维表现，避免钢筋骨架成型、入模、套筒、预埋件等定位错误。

(5) 进行堆放场地的分配。

(6) 发货与装车计划及其装车布置等。

生产制造环节的首要任务就是制造真实世界的实物体，是一个从无到有的过程，严格执行设计环节所提出的信息技术标准制造出完全符合要求的真实建筑部件产品，这还仅仅是第一步。虚拟的构件实际已经在设计环节完成了，真实构件诞生后，需要立即完成的任务是让虚拟的构件与真实的构件合体，让真实的构件具有"灵魂"，即在真实构件体内植入 RFID 芯片，电子媒介信息注释让真实构件与项目云数据中心的虚拟构件完全关联到一起，并把今后这件真实的构件每个环节不同状态的信息都即时收集并实时传递到项目云数据中心。

生产制造环节，BIM 应该达到的目标在于：充分依靠电子媒介取代纸质媒介来提取设计阶段创建的技术信息；充分依靠自动化生产设备、三维扫描设备、VR/MR 设备确保构件产品质量；即时补充，填写构件"出生"之后的相关信息并实时上传至项目云数据中心。值得再次强调的是，无纸化制造是 BIM 技术落实在生产制造环节的基本目标。

9.3.3 现场装配环节应用 BIM 的目标

施工环节 BIM 所要解决的最主要的目标包括以下两点：

(1) 利用 BIM 进行施工组织设计，编制施工计划。

(2) 编制施工成本计算和施工预算。

根据施工计划和其他部品进场计划，与工厂互动，实现直接车上吊装的工序安排。

传统现场装配作业过程中，我们会看到：重型起重机正在空中吊着大型待装配的建筑部件，负责装配作业的人员正腋下夹着图纸，手里拿着卷尺、水平尺、锤子和撬杠围绕在作业点附近敲敲打打，艰难装配定位；而在 BIM 应用作业场景中，则是一个戴着三维虚拟仿真眼镜的人员，右手在空中一会儿展开五指，一会儿又收拢，指指画画，随着确认手势的结束，附近吊着的大型构件缓缓移动到指定位置稳稳落下，就此完成高质量的装配作业。

从表面看，BIM 装配作业者如同个魔术师，正在玩变戏法；实际上他正通过混合现实技术，从云数据中心调出装配现场已经完成部分的虚拟模型同真实现场环境做吻合匹配校验，第一步检验现场真实环境是否与设计数据一致，第二步调出正在空中吊着的那件装配部件的虚拟体与真实环境匹配定位，检查是否正确，确认无误后执行 OK 手势。

BIM 技术在现场装配环节中的应用，是通过混合现实技术、实时通信技术、BIM 云端数据库技术，来实现两个层面的虚拟作业：一个是虚实混合检查校验，另一个是虚实混合装配校验。

9.3.4 质量跟踪管理环节应用 BIM 的目标

装配式建筑关键节点施工质量是整个建筑安全问题的主要因素。在整个建筑物生命周期内对关键节点处的质量检测数据采集分析，然后通过一些传感器技术、即时通信技术、数据库技术，实时采集到关键节点处的位移、压差、温湿度等的变化值，以此来实时掌控、判断、分析建筑物施工及运营使用过程中的安全可靠性。

9.4 装配式建筑全链条共享BIM的建立

9.4.1 装配式建筑BIM应用组织架构

BIM的组织实施是一个系统性的工作，装配式建筑的每一个环节都不可缺失，可以从不同的维度去考虑建立BIM的组织架构模式。

(1) 由建设单位主导建立的BIM组织架构，参与成员包括设计方、施工方、预制构件工厂、监理机构、工程管理机构、物业运维管理机构，主要以单个或多个项目服务为目的。

(2) 由装配式施工总承包企业主导建立的BIM组织架构，主要为企业自身信息化管理服务。

(3) 由装配式工厂主导建立的BIM组织架构，主要为工厂自身信息化管理服务。

从上述这三种模式不难看出，要想实现装配式建筑全链条共享BIM，最理想的模式是由建设单位来主导建立BIM组织架构，也唯有这种模式才可以真正将BIM的价值最大化体现出来。由建设单位（或者代理）统领的BIM组织，才可以将各个环节参与方包含进来，有效贯彻执行，消灭信息孤岛，各方参与机构也才会有最大的动力。

9.4.2 落实BIM技术的具体要求

简单地说，具体落实BIM技术需要3个方面的要素：人、软件和硬件。

关于“人”，有一个观点是另外设置专职“BIM工程师”，类似原来使用“算盘”工作的会计，这种想法如同因为“电子计算器”的出现，需要另外设置一个“电子计算器操作助手”一样可笑。其实，原有岗位人员，特别是负责技术岗位的人员通过培训，迅速掌握BIM相关理论和技能即可解决人员问题。

“软件”方面，可以重点关注“Trimble”公司的产品“Tekla”“SketchUp”“Vico”以及“Autodesk”公司的产品“Revit”“Navisworks”。BIM软件的发展在近十年来是一个高速进化的过程，因为正在发展中，有此产品存在或多或少的缺陷也在情理之中，这个需要客观认识，不能因为软件产品的缺陷就放弃对BIM的使用。值得一提的是，BIM软件，特别是来自国外的厂商，由于厂商的产品开发方向是全球化目标，不一定满足国内本土化的具体需求，对于中国用户来说，基于国外软件产品进行本土化的二次开发是当前的最佳途径。

“硬件”部分，计算机、智能手机以及智能移动设备这些常规设备都可以在装配式建筑上派上用场。另外，BIM放样机器人、三维扫描仪、VR/MR设备，也都应引起我们的关注和重视。

9.4.3 云数据中心的建立

云数据中心（即项目信息门户）是项目各参与方为信息交流、共同工作、共同使用和互动的管理工具，属垂直门户范畴。

云数据中心的核心功能在于：项目各参与方的信息交流（Project Communication）；项目

文档管理（Document Management）；项目各参与方的共同工作（Project Collaboration）。

云数据中心应该由业主方或者业主代理人来总负责。云数据中心信息数据从设计阶段创建开始，在制造环节已经完成与实物的合体共生，到不同环节信息内容得到不断地完善丰富，整个数据流都是顺畅的，存在于云端数据库、记录芯片、各类移动终端设备，可即时智能查询的。云数据中心的安全问题主要涉及硬件安全、软件安全、网络安全、数据资料安全，应该对数据安全保证予以足够的重视。

总的来说，装配式建筑的 BIM 技术应用就是装配式建筑的信息化，是行业发展的趋势和未来，是一个系统化工程，需要每一道环节、从事相关具体工作的人高度认同，与时俱进，认真对待。

9.5 BIM 技术在装配式建筑实例中的应用

本小节结合实际建筑项目——110kV 深圳华龙中心变电站，分析和研究 BIM 技术在装配式混凝土建筑中的实际应用。

9.5.1 工程简介

110kV 深圳龙华中心变电站工程位于广东省深圳市龙华新区龙华广场对面，东临市民休闲活动广场、观澜河，西接梅龙大道，南邻东环二路。工程在施工过程中需充分考虑到市区道路的拥挤以及交通管制等情况，由此给预制板块运输、现场材料运输等带来的困难。

项目采用预制装配式混凝土结构，装配率达到 85%，是变电站建设的一场革命。它改变了传统变电站的电气布局、土建设计和施工模式，通过工厂生产预制、现场安装两大阶段来建设，包括标准化设计、模块化组合、工业化生产、集约化施工，使其具有高技术、高质量、低能耗、更环保的特点。

该项目运用 BIM 技术，遵循“安全、通用、经济、实用”的原则，从项目设计、物资配送、施工安装到竣工投产全过程，实施标准化作业和管理，按照“标准设计模块化、构件生产工厂化、施工安装机械化、项目管理科学化”的四大要素，实现了新型精益化建设以及科学、信息化管理。

1. 建筑设计概况

该工程参建各方名单与建筑设计及平面概况见表 9.1、表 9.2。

表 9.1　　工程参建各方名单一览表

序号	内容	名　称
1	工程名称	110kV 深圳龙华中心变电站工程
2	建设地点	深圳市宝安区龙华街道东环二路
3	建设单位	深圳供电局有限公司
4	设计单位	深圳市新能电力开发设计院有限公司
5	监理单位	广东诚誉工程咨询设计研究有限公司
6	勘察单位	深圳市长勘勘察设计研究有限公司
7	施工单位	深圳市粤网电力建设发展有限公司

表9.2 建筑设计及平面概况表

建筑设计概况			
总建筑面积	2597.74m^2	建筑占地面积	671.78 m^2
建筑高度	21.70m	建筑耐久年限	50年
建筑类别	丙类	建筑耐火等级	1级
建筑层高	电缆层3.00m；10kV配电室层5.40m；继保控制室层5.50m；GIS室13.00m；主变室8.00m；接地变室层5.00m；站用电池室层5.00m		

建筑平面概况						
层数	一层	夹层	二层	三层	四层	屋顶层
面积/m^2	788.90	60.25	453.80	664.91	664.91	25.51
层高/m	4.47	3.50	3.50	5.40	5.40/3.50	—

2. 结构工程概况

结构形式为装配整体式混凝土框架结构，装配率达到85%。地面以下部分均为现浇，地面以上部分为框架柱预制柱，楼层梁采用预制混凝土叠合梁，梁下主筋和箍筋在预制厂进行预制加工，施工现场进行吊装，梁上部叠合部分现场插入钢筋。楼面二层板为预制实心叠合楼板，其余楼板为XPS/EPS泡沫预制叠合板。外墙（含门窗、装饰）采用预制钢筋混凝土外墙板，双层双向配筋，厚度为160mm，内隔墙采用150mm厚轻质隔墙，超过4m设置圈梁构造柱，1号和3号楼梯为预制装配式楼梯，2号楼梯为现浇清水混凝土楼梯，不贴砖，做瓷砖防滑条。预制构件设计最大尺寸及最大重量见表9.3。

表9.3 预制构件设计最大尺寸及最大重量表

名称	预制构件种类				
	预制柱	叠合板	叠合梁	外挂墙板	楼梯板
最大尺寸/mm	500×600×4630	577×2595	350×945×9400	160×3280×5410	1205×3700×1930
最大件重量/t	3.585	2.36	7.878	8.06	2.29

3. 项目组织管理模式

本工程没有采用EPC工程总承包模式，由深圳市新能电力开发设计院有限公司承担项目的设计工作，深圳市粤网电力发展建设公司承担工程的施工，预制构件的加工是由广东中建科技有限公司完成的。

9.5.2 BIM技术在本工程中的应用

1. 协同设计

协同设计中用到的BIM软件主要有Revit、ArchiCAD、PKPM、Navisworks等（图9.2），用建模软件创建好模型以后，导入到设计检视工具Navisworks中做碰撞检查。

在确定了各专业的设计意图并明确了设计原则之后，设计人员就可利用BIM设计软件，建立详尽的预制构件BIM模型，模型包含钢筋、线盒、管线、孔洞和各种预埋件。建立模型的过程中不仅要尊重最初方案和二维施工图的设计意图，符合各专业技术规范的要求，还要随时注意各专业、施工单位、构件厂间的协同和沟通，考虑到实际安装和施工

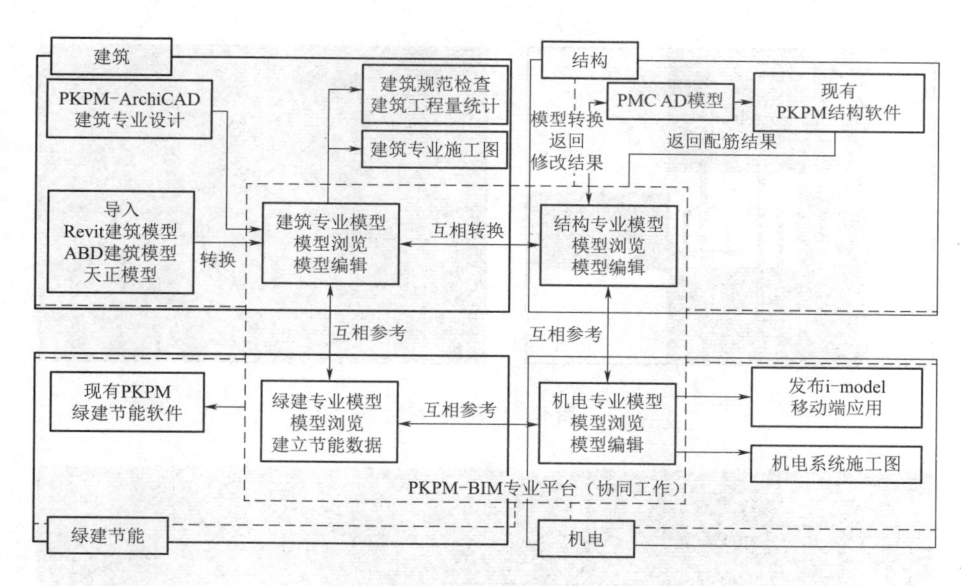

图 9.2 协同设计流程图

的需要。如线盒、管线、孔洞的位置，钢筋的碰撞，施工的先后次序，施工时人员和工具的操作空间，等等。建成后的预制构件 BIM 模型可以在设计协同平台（Navisworks）上拼装成整体结构模型，如图 9.3 所示。

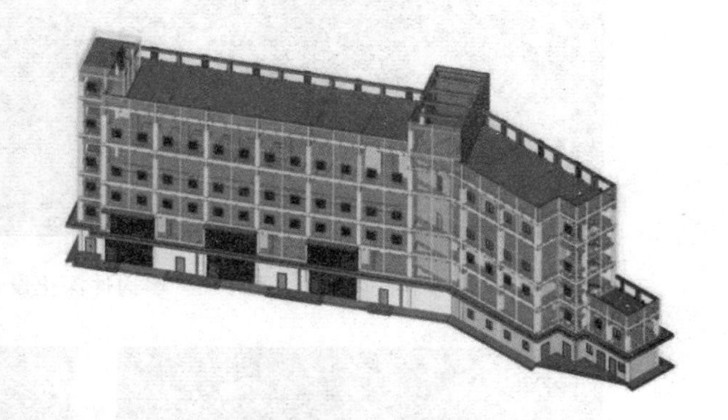

图 9.3 龙华中心变电站整体模型

将模型导入 Navisworks 软件中进行整合后，添加碰撞测试，根据需求设置碰撞忽略规则，修改碰撞类型以及碰撞参数等，选择碰撞对象，然后运行碰撞检查（本项目主要用于钢筋、模板安装以及管线综合方面）。最后，对检查出的碰撞进行复核（图 9.4），并返回设计软件修改模型。

经过初步校对、审核以及碰撞检查后，在二维图纸中再次进行图纸校核。在 Revit 中创建相应图纸，如平面图、立面图、剖面图。校核完成后，可生成 CAD 或 PDF 图纸，图 9.5 所示为 CAD 墙构件深化设计图纸。

2. 构件生产

广东中建科技有限公司为本项目的构件供应商，该厂装配式建筑构件生产以及信息化管理情况为如下内容。

(1) 车间现有两条构件生产线：墙板生产线和叠合板生产线，且均为环形流水生产线。环形流水生产线是目前国内混凝土预制构件生产线的主要形式，柔性生产线和固定生产线作为辅助，生产的构件多用于剪力墙体系。图 9.6 所示为该厂车间两条生产线监控室。

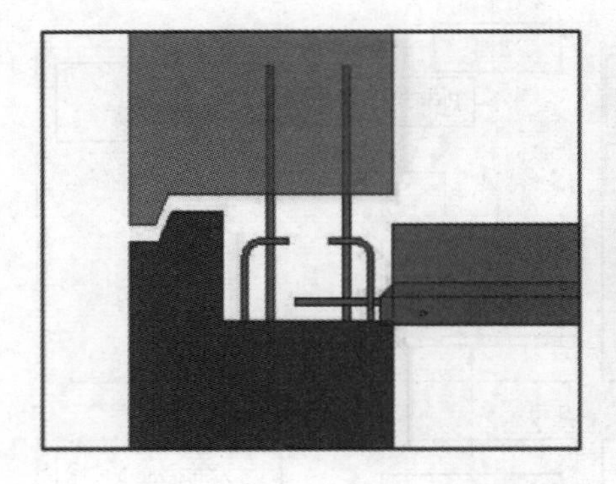

图 9.4　碰撞检测

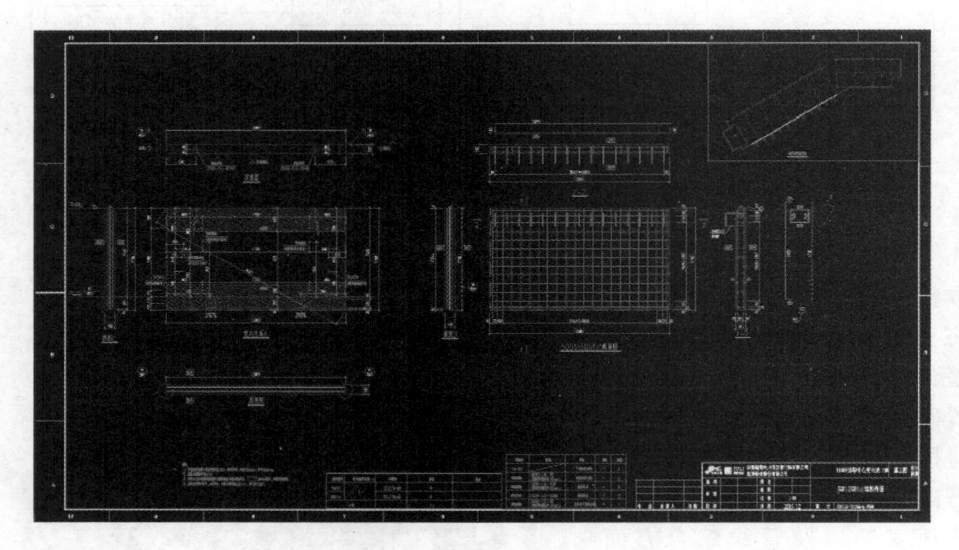

图 9.5　墙构件深化设计图纸

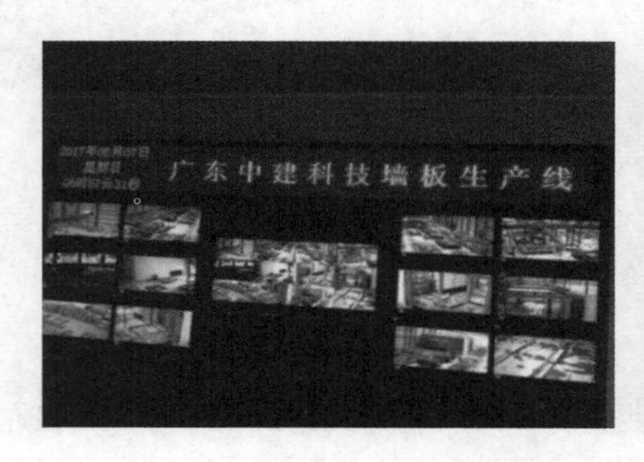

图 9.6　车间两条生产线监控室

该厂墙板、叠合板的生产工艺流程分别如图 9.7 和图 9.8 所示。

（2）初期信息化、自动化生产优势不明显，主要体现在以下几个方面：一是主流的环形流水线上，模台在规定路线上运行，由于工位操作时间不同，例如人工操作的边模和钢

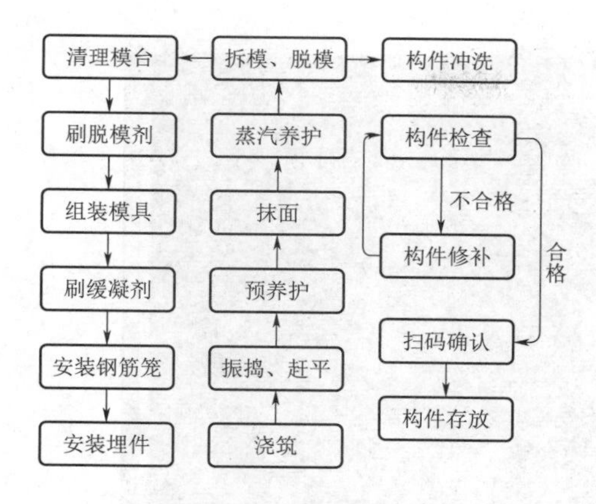

图 9.7 墙板生产工艺流程图

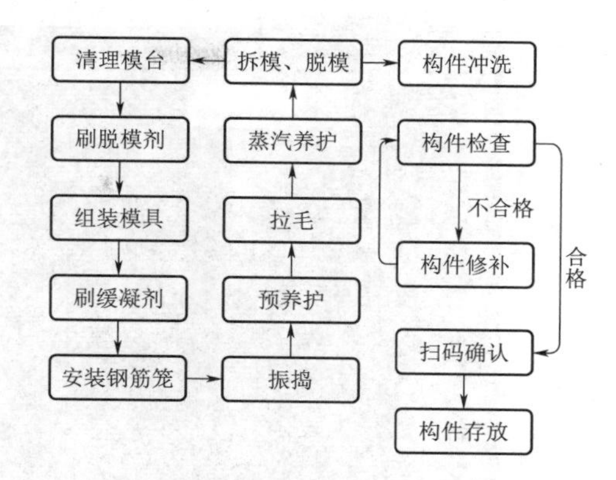

图 9.8 叠合板生产工艺流程图

筋绑扎占时过长，缺少相匹配的自动化设备，造成“快等慢”，或者窝工的情况，各工序时间节拍不匹配，无法充分发挥先进制造业的优势。再如，车间的布料机由于行走路线的限制，可以移动的空间有限，而且需要人工的辅助工作，更多时候是依靠叉车将混凝土罐运到需要的位置进行浇筑，工作效率不高，生产现场如图 9.9 所示。

图 9.9 生产现场

二是构件设计与生产设备不匹配。主流的灌浆套筒连接体系下，构件生产时需要工人在表面上预留相应的灌浆孔及固定预埋件，构件面层需人工找平、抹光处理。目前工人操作不熟练，生产效率低。

三是模具的标准化程度低。目前国内的剪力墙生产大多采用定制化边模，难以重复利用，增加了构件生产的成本。

四是设计信息和生产信息不能很好对接和流转。整个车间的生产信息化程度还很低，基本用在钢筋网格的生产加工：用 AutoCAD 绘制不同颜色的钢筋网格，不同的颜色代表不同的钢丝直径，如黄色代表 8mm，如图 9.10 所示。再用与生产设备配套的图纸识别软件“jkDXF”进行识别，从而控制生产设备（天津建科生产）进行钢筋网格生产加工，如图 9.11 所示。图 9.12 所示为生产车间的钢筋网格实际加工照片。

五是生产工厂缺乏高效的信息化管理平台，对构件的生产、堆放缺乏有效的管理，降低了效率，增加了管理的时间和资金成本。

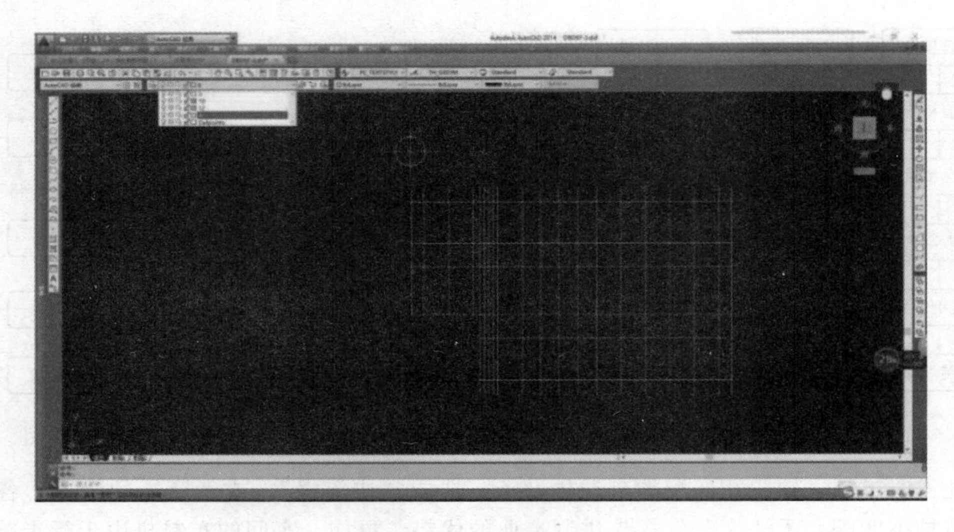

图 9.10　钢筋设计图

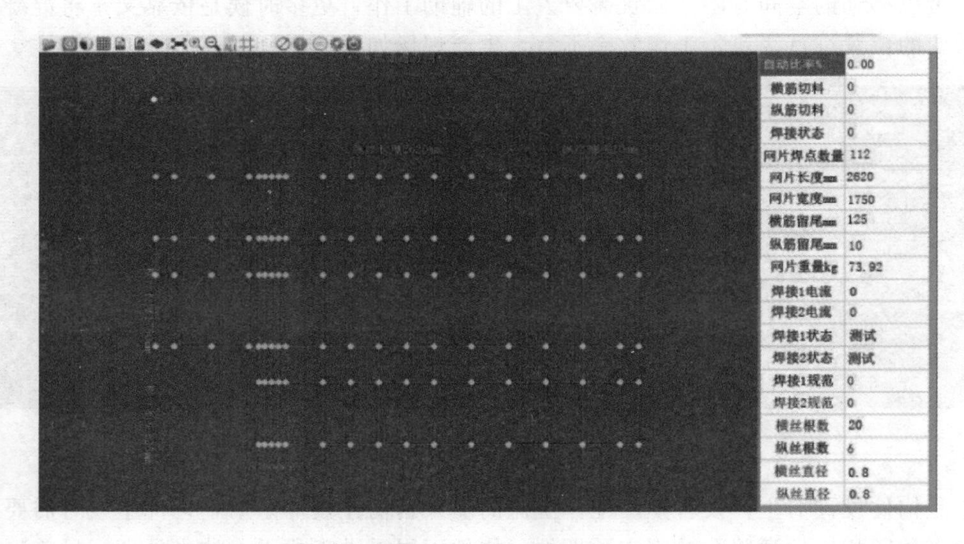

图 9.11　图纸识别

针对以上存在的问题，工厂提出应着力研发自有的生产管理系统，垂直整合上下游，致力于生产管理系统（ERP）和 BIM 的兼容性研究，实现预制构件产品的全生命周期管理、生产过程监控系统、生产管理和记录系统、远程故障诊断服务等信息系统软件的开发和实施，提高信息化水平。之后，根据工程的实际需求以及对装配式建筑全产业链信息化管理的理解，信息化部门提出了一个工厂信息化管理平台的设计思路：

（1）平台要起着承上启下的作用，实现信息在“设计”“生产”“物流”“施工”“装修”“运维”等多个阶段的共享与传递。

（2）平台应包含企业（中建科技集团）的基本信息，以及包含多个工厂、多个项目的信息，方便相关信息的查询和管理。

图 9.12 钢筋网格加工制作现场

(3) 重点要对工厂生产进行管理，加强管理的精细化，从而减少项目风险、降低构件成本、优化库存、提高工厂生产效率和应变能力、减少人为操作失误、优化管理流程、提高产品质量。

(4) 平台要具备较强的扩展性，满足企业精细化管理在不同成熟度下的阶段需求。

在以上所述背景下，2017 年 9 月广东中建科技有限公司代表中建科技集团总部开始系统测试和试运行，如图 9.13 所示。平台的成功上线，标志着中建科技集团预制构件生产管理进入全信息化的时代。下一步，平台会适时在集团各下属公司逐步优化、部署，力争形成在全集团统一部署的、面向行业的、高度标准化的装配式智慧工厂信息化管理平台。

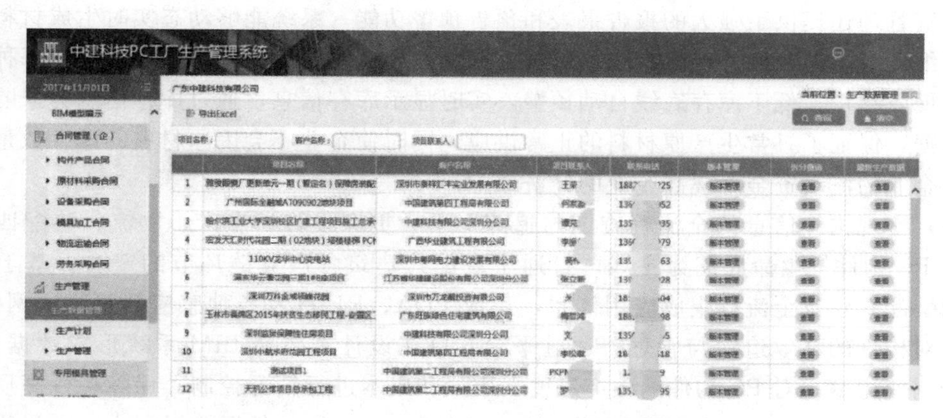

图 9.13 中建科技 PC 工厂生产管理系统

装配式智慧工厂信息化管理平台，集成了信息化、BIM、物联网、云计算和大数据技术，面向多装配式项目，多构件工厂，针对装配式项目全生命周期和构件工厂全生产流程进行管理，目前主要包括如下几个管理模块：企业基础信息、工厂管理、项目管理、合同管理、生产管理、专用模具管理、半成品管理、质量管理、成品管理、物流管理、施工管理、原材料管理。平台主要有如下功能和特点。

(1) 实现了设计信息和生产信息的共享。平台可接收来自 PKPM－PC 装配式建筑设计软件导出的设计数据：项目构件库、构件信息、图纸信息、钢筋信息、预埋件信息、构件模型等，实现无缝对接。平台和生产线或者生产设备的计算机辅助制造系统进行集成，不仅能从设计软件直接接收数据，而且能够将生产管理系统的所有数据传送给生产线或者某个具体生产设备，使得设计信息通过生产系统与加工设备信息共享，实现设计、加工生产一体化，无需构件信息的重复录入，避免人为操作失误。更重要的是，将生产加工任务按需下发到指定加工设备的操作台中，并能根据设备的实际生产情况对管理平台进行反馈统计，这样能够将构件的生产领料信息通过生产加工任务和具体项目及操作班组关联起来，从而加强基于项目和班组的核算，废料过多、浪费高于平均值给予惩罚，低于平均值给予奖励，从而提升精细化管理，节约工厂成本。

生产设备分为钢筋生产设备和PC生产设备两大类。管理平台已经内置多个设备的数据接口，并且在不断增加，同时考虑到生产设备本身的升级导致接口版本的变更，所以增加“设备接口池”管理，在设备升级时，接口通过系统后台简单的配置就能自动升级。

(2) 实现了物资的高效管理。平台接收构件设计信息，自动汇总生成构件BOM（Bill Of Material，物料清单），从而得出物资需求计划，然后结合物资当前库存和构件月生产计划，编制材料清购单，采购订单从清购单中选择材料进行采购，根据采购订单入库。材料入库后开始进入物资管理的一个核心环节——出入库管理。物资出入库管理包括物资的入库、出库、退供、退库、盘点、调拨等业务，同时各类不同物资的出入库处理流程和核算方式不同，需要分开处理。物资出入库业务和仓库的库房库位信息进行集成，不同类型的物资和不同的仓库关联，包括原材料仓库、地材仓库、周转材料仓库、半成品仓库等。物资按项目、用途出库，系统能够实时对库存数据进行统计分析。

物资管理还提供了强大的报告报表和预告预警功能。系统能够动态实时生成材料的收发存明细账、入库台账、出库台账、库存台账和收发存总账等。系统还可以按照每种材料设定最低库存量，低于库存底线自动预警，实时显示库存信息，通过库存信息为采购部门提供依据，保证了日常生产原材料的正常供应，同时使企业不会因原材料的库存数量过多而积压企业的流动资金，提高企业的经济效益。

(3) 实现构件信息的全流程查询与追踪。平台贯穿设计、生产、物流、装配四个环节，以PC构件全生命周期为主线，打通了装配式建筑各产业链环节的壁垒。基于BIM的预制装配式建筑全流程集成应用体系，集成PDA、RFID及各种感应器等物联网技术，实现了对构件的高效追踪与管理。通过平台，可在设计环节与BIM系统形成数据交互，提高数据使用率；对PC构件的生产进度、质量和成本进行精准控制，保障构件高质高效地生产，实现构件出入库的精准跟踪和统计（图9.14）；在构件运输过程中，通过物流网技术和GPS系统进行跟踪、监控，规避运输风险；在施工现场，实时获取、监控装配进度。

(4) 可查询企业（中建科技集团）的基本信息：如各项目完成率、成品库存饱和度分析、各生产线产能饱和度分析等。

(5) 项目管理模块，针对装配式项目的设计和深化、生产、物流、装配施工、运维等全生命周期，包括项目的合同、进度、质量、安全、成本和风险等进行规范化管理，采用信息管理平台进行流程优化和固化，提升项目管理的成熟度。

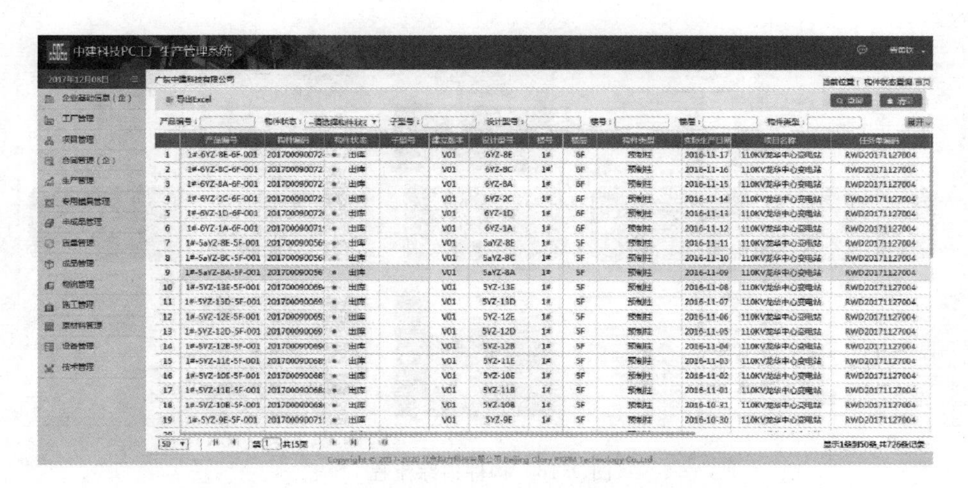

图 9.14 构件追踪

(6) 实现了 BIM－ERP 系统的对接，优化业务板块资源，提高整体建造效率和效益。

由此可见，装配式智慧工厂信息化管理平台打通了装配式项目的设计、生产、物流、施工等阶段，实现信息共享；打造集团装配式智慧工厂 BIM－ERP 系统，提高建造和管理效率；尤其适合 EPC 建筑企业实现装配式建筑全产业链的整合。

3. 构件运输

通过广联达 BIM5D 平台，实现所有构件的跟踪，精准了解每个构件的当前状态（图 9.15、图 9.16），实现项目构件“零库存”，即每批构件从加工厂运输到现场后，中间没有存放环节，直接进行吊装。利用 BIM 平台的优势，无需传统电话沟通，改变点对点的沟通效率低下的问题。所有物流运输数据，都在云端共享，各方可以查看、使用，以便协同工作。

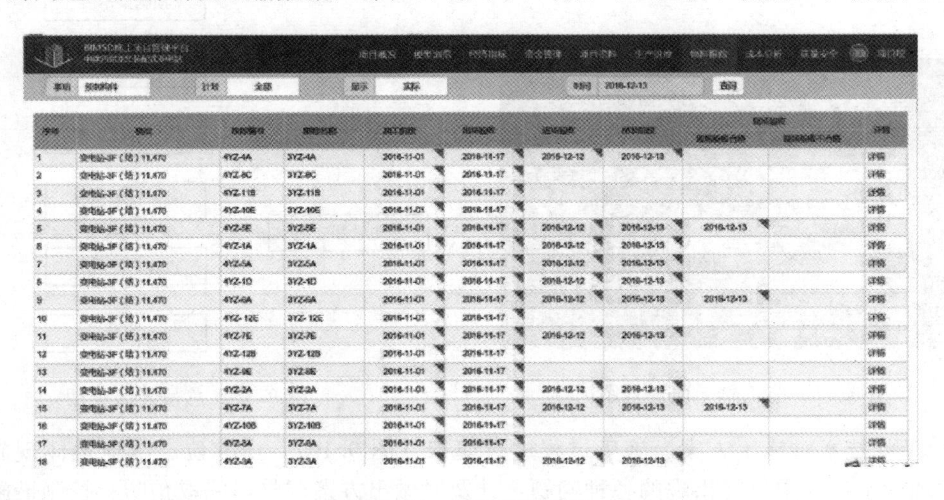

图 9.15 构件追踪详情

4. 装配施工

(1) 施工平面布置与优化。采用广联达 BIM5D 施工现场布置软件，合理布局施工现场总平面，做到现场材料堆放位置合理，现场施工用水、用电布置便利，现场排水、排污

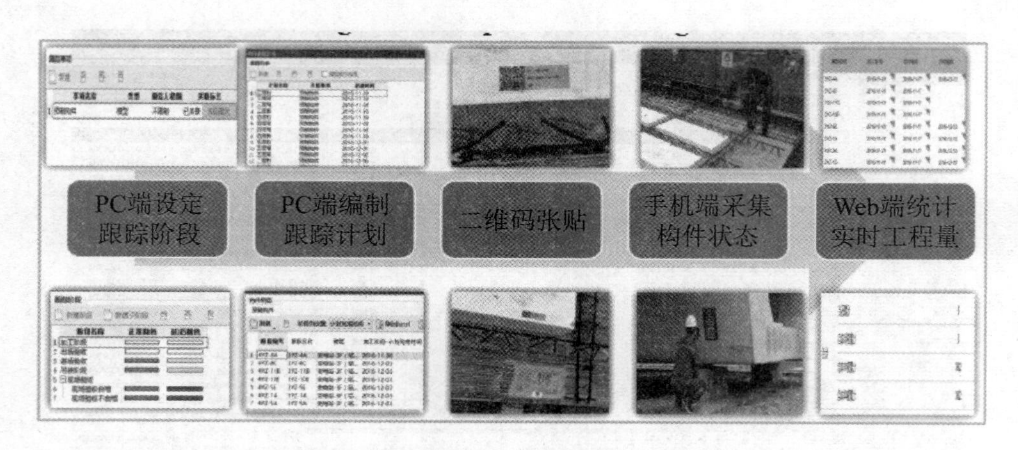

图 9.16　构件追踪流程

畅通，施工道路便利、畅通，垂直运输经济合理。图 9.17 为本工程施工总平面规划图。

(2) 施工模拟。框架结构主体吊装次序：先吊装预制柱，再吊装与预制柱相交的梁底标高较低的预制梁，然后吊装梁底标高较高的预制梁，再吊装叠合板。每层的吊装顺序遵从从内而外、从难到易的原则，总吊装流程图如图 9.18 所示。

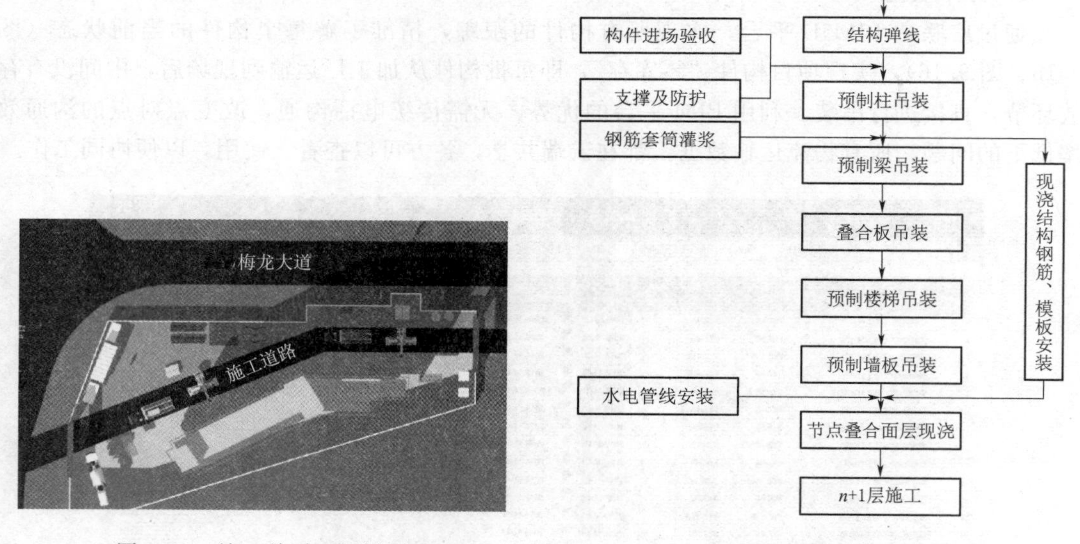

图 9.17　施工总平面规划图

图 9.18　总吊装流程图

用 BIM 技术对施工方案、施工过程进行模拟（图 9.19），全方位、清晰地体现施工过程，发现施工过程中可能出现的各种问题，并及时做出方案调整，采取预防、控制措施。

支撑体系在设计时，必须满足承载力和稳定性要求，即在承载状态下，承载梁模板的大、小横杆等杆件满足强度要求，不发生失稳或者局部失稳等现象，以保证在施工过程中，模板支架具有足够的承载力以及可靠的稳定性，这是支撑体系施工的关键。采用 BIM 技术进行安装模拟（图 9.20），能确保支撑体系的搭建安全、稳定。

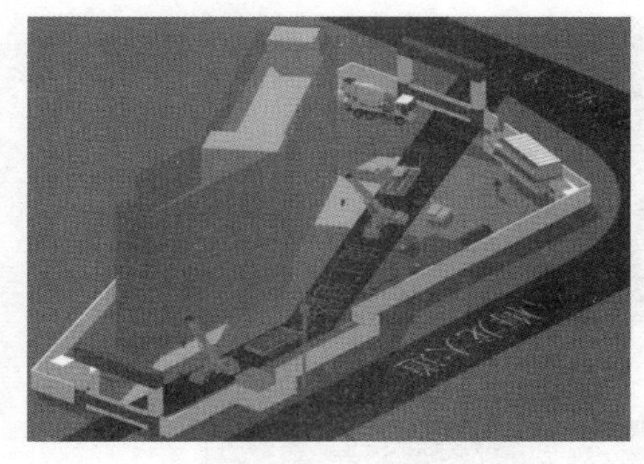

图9.19　吊装模拟

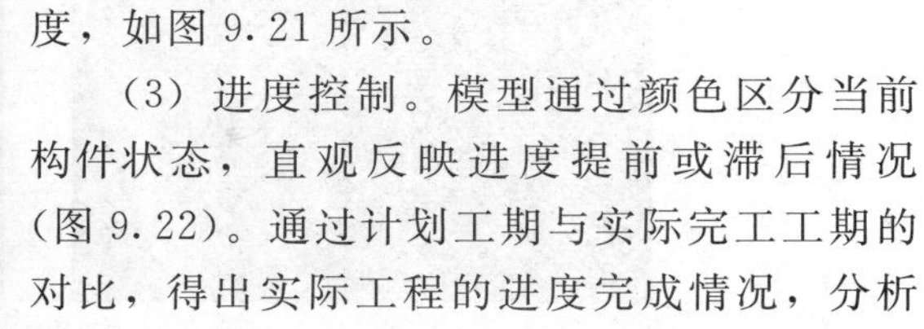

特别是三跑楼梯安装模拟，应合理安排各专业的施工次序和施工时间，加快施工进度，如图9.21所示。

（3）进度控制。模型通过颜色区分当前构件状态，直观反映进度提前或滞后情况（图9.22）。通过计划工期与实际完工工期的对比，得出实际工程的进度完成情况，分析影响进度的各项因素，在周例会上进行讨论分析，制定有效的纠偏措施或改进方案，以保证进度计划的有效落实。

（4）工程量统计与查询。区别于传统的

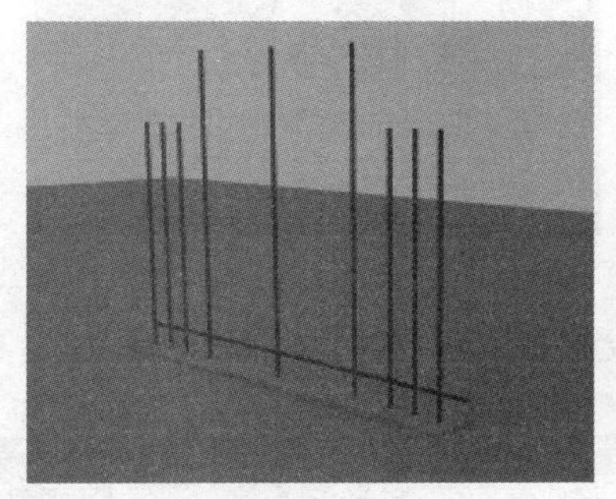

第一排立杆与扫地杆搭设示意图

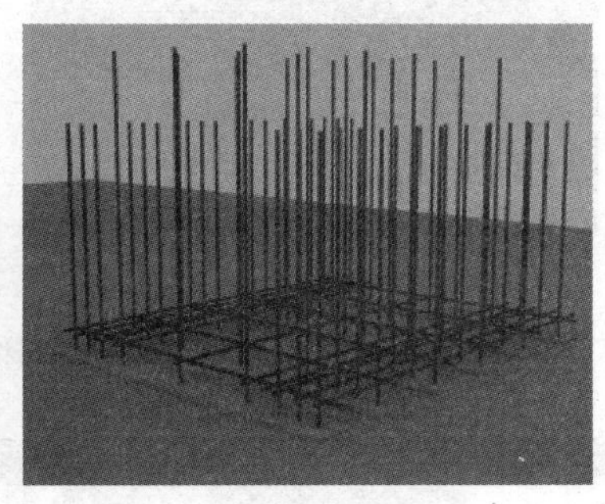

扫地杆安装示意图

垂直、水平度校正示意图

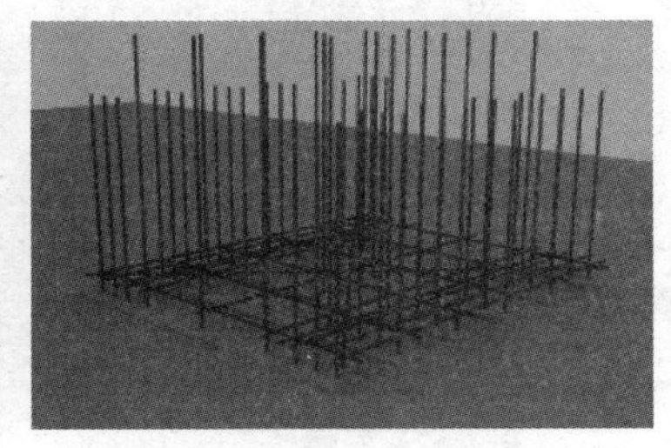

扫地杆处水平剪刀撑设置示意图

第一步架搭设完成示意图

满堂架搭设完成示意图

图9.20　支撑系统施工模拟

(a) 由专业工人稳住预制楼梯

(b) 安装至设计位置

(c) 安装预制楼梯与墙体之间的连接件

(d) 安装永久栏杆

图 9.21　楼梯安装施工模拟

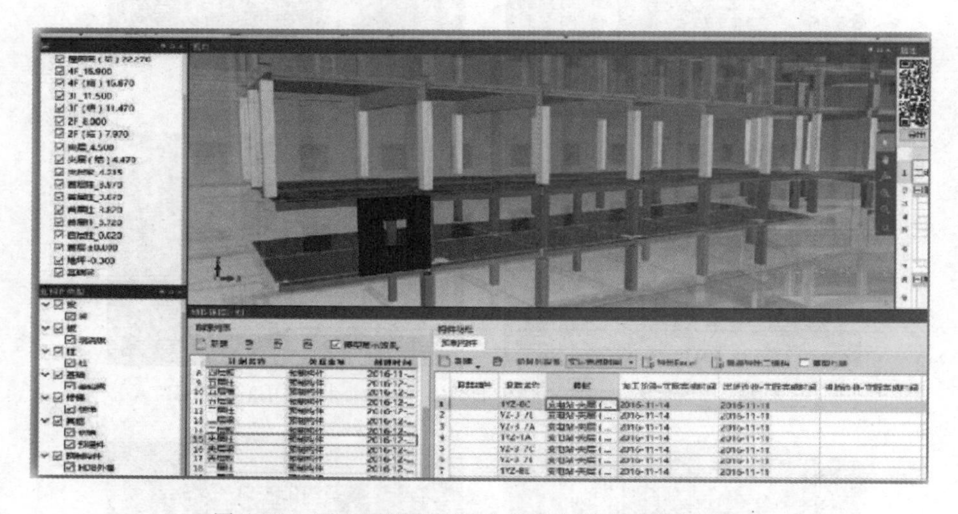

图 9.22　用不同颜色显示构件状态来进行进度管理

现浇方式，预制构件因混凝土方量已经固定，与甲方报产值时只需统计吊装完成工作量即可，通过对跟踪状态的设定，BIM5D 可以轻松获取每个阶段完工工作量，并在 Web 端进行实时统计，如图 9.23 所示。

(5) 质量、安全管理。通过手机对相关质量安全内容进行拍照、录音、文字记录，并与模型关联。通过软件，自动实现电脑与手机同步接收数据，在模型中以文档图片的形式展现（图 9.24），可及时了解相关问题并采取相应措施进行控制、改进，协助施工人员进行管理。

345	变电站-夹层（结）4.470		ZYB1-2	2016-11-01	2016-11-17					详情
346	变电站-夹层（结）4.470		ZYB1-1	2016-11-01	2016-11-17					详情
347	变电站-夹层（结）4.470		ZYB6-4	2016-11-01	2016-11-17					详情
348	变电站-夹层（结）4.470		ZYB2-4	2016-11-01	2016-11-17					详情
349	变电站-夹层（结）4.470		ZYB5-4	2016-11-01	2016-11-17					详情
350	变电站-夹层（结）4.470		ZYB3-3	2016-11-01	2016-11-17					详情
351	变电站-夹层（结）4.470		ZYB6-1	2016-11-01	2016-11-17					详情
352	变电站-夹层（结）4.470		ZYB2-3	2016-11-01	2016-11-17					详情
353	变电站-夹层（结）4.470		ZYB4-3	2016-11-01	2016-11-17					详情
354	变电站-夹层（结）4.470		ZYB4-2	2016-11-01	2016-11-17					详情
355	变电站-夹层（结）4.470		ZYB3-3	2016-11-01	2016-11-17					详情
356	变电站-夹层（结）4.470		ZYB2-1	2016-11-01	2016-11-17					详情
357	变电站-夹层（结）4.470		ZYB2-2	2016-11-01	2016-11-17					详情
358	变电站-夹层（结）4.470		ZYB4-1	2016-11-01	2016-11-17					详情
359	变电站-夹层（结）4.470		ZYB6-3	2016-11-01	2016-11-17					详情
360	变电站-夹层（结）4.470		ZYB3-4	2016-11-01	2016-11-17					详情
361	变电站-夹层（结）4.470		ZYB1-3	2016-11-01	2016-11-17					详情
362	变电站-夹层（结）4.470		ZYB3-2	2016-11-01	2016-11-17					详情
合计	当日累计			0	0	0	15	3	0	
	自本月初累计			0	0	16	16	3	0	
	自本年初累计			362	362	16	15	3	0	
	自本年初累计			362	362	16	16	3	0	

图 9.23　工程量统计查询

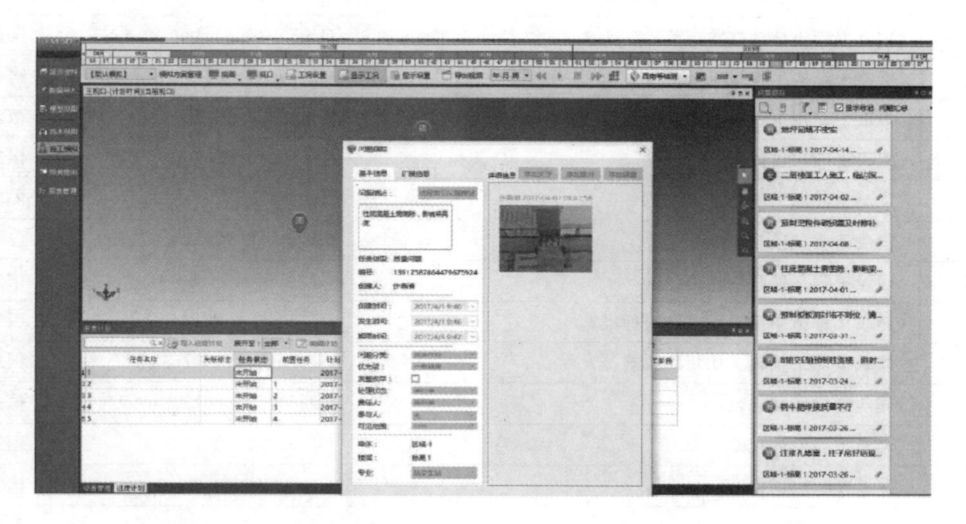

图 9.24　质量安全管理

课 外 资 源

资源 9.1　防城港实验高级中学施工中 BIM 的应用

课 后 练 习 题

（1）请简述何为 BIM 技术。

（2）请简述装配式建筑各个环节中应用 BIM 的目标有哪些。

附录　我国装配式混凝土建筑相关国家、行业及地方标准

序号	标准名称	标准编号	分类
1	《装配式混凝土建筑技术标准》	GB/T 51231—2016	国家
2	《工业化建筑评价标准》	GB/T 51129—2015	国家
3	《装配式钢结构建筑技术标准》	GB/T 51232—2016	国家
4	《装配式木结构建筑技术标准》	GB/T 51233—2016	国家
5	《钢管混凝土工程施工质量验收规范》	GB 50628—2010	国家
6	《钢管混凝土结构技术规范》	GB 50936—2014	国家
7	《混凝土结构工程施工规范》	GB 50666—2011	国家
8	《混凝土结构工程施工质量验收规范》	GB 50204—2015	国家
9	《混凝土结构设计规范》	GB 50010—2010	国家
10	《混凝土外加剂应用技术规范》	GB 50119—2013	国家
11	《混凝土质量控制标准》	GB 50164—2011	国家
12	《建设工程文件归档规范》	GB/T 50328—2014	国家
13	《建筑工程施工质量验收统一标准》	GB 50300—2013	国家
14	《建筑节能工程施工质量验收规范》	GB 50411—2007	国家
15	《建筑结构荷载规范》	GB 50009—2012	国家
16	《建筑抗震设计规范》	GB 50011—2010	国家
17	《建筑模数协调标准》	GB/T 50002—2013	国家
18	《建筑用轻质隔墙条板》	GB/T 23451—2009	国家
19	《建筑装饰装修工程质量验收规范》	GB 50210—2001	国家
20	《住宅建筑规范》	GB 50368—2005	国家
21	《住宅设计规范》	GB 50096—2011	国家
22	《住宅装饰装修工程施工规范》	GB 50327—2001	国家
23	《钢筋连接用套筒灌浆料》	JG/T 408—2013	行业
24	《钢筋套筒灌浆连接应用技术规程》	JGJ 355—2015	行业
25	《高层建筑混凝土结构技术规程》	JGJ 3—2010	行业
26	《预应力混凝土用金属波纹管》	JG 225—2007	行业
27	《预制预应力混凝土装配整体式框架结构技术规程》	JGJ 224—2010	行业
28	《整体预应力装配式板柱结构技术规程》	CECS 52—2010	行业
29	《装配式混凝土结构技术规程》	JGJ 1—2014	行业
30	《预制混凝土构件质量检验标准》	DB11/T 968—2013	北京

续表

序号	标准名称	标准编号	分类
31	《装配式混凝土结构工程施工与质量验收规程》	DB11/T 1030—2013	北京
32	《装配式剪力墙结构设计规程》	DB11/T 1003—2013	北京
33	《装配式剪力墙住宅建筑设计规程》	DB11/T 970—2013	北京
34	《叠合板式混凝土剪力墙结构技术规程》	DB33/T 1120—2016	浙江
35	《装配整体式混凝土结构工程施工质量验收规范》	DB33/T 1123—2016	浙江
36	《装配式混凝土构件制作与验收标准》	DB13（J）/T 181—2015	河北
37	《装配式混凝土剪力墙结构建筑与设备设计规程》	DB13（J）/T 180—2015	河北
38	《装配式混凝土剪力墙结构施工及质量验收规程》	DB13（J）/T 182—2015	河北
39	《装配整体式混合框架结构技术规程》	DB13（J）/T 184—2015	河北
40	《装配整体式混凝土剪力墙结构设计规程》	DB13（J）/T 179—2015	河北
41	《装配式混凝土构件制作与验收技术规程》	DBJ41/T 155—2016	河南
42	《装配式住宅整体卫浴间应用技术规程》	DBJ41/T 158—2016	河南
43	《装配整体式混凝土结构技术规程》	DBJ41/T 154—2016	河南
44	《装配整体式混凝土剪力墙结构技术规程》	DB42/T 1044—2015	湖北
45	《混凝土叠合楼盖装配整体式建筑技术规程》	DBJ43/T 301—2013	湖南
46	《混凝土装配-现浇式剪力墙结构技术规程》	DBJ43/T 301—2015	湖南
47	《灌芯装配式混凝土剪力墙结构技术规程》	DB22/JT 161—2016	吉林
48	《预制预应力混凝土装配整体式结构技术规程》	DGJ32/TJ 199—2016	江苏
49	《装配整体式混凝土剪力墙结构技术规程》	DGJ32/TJ 125—2016	江苏
50	《装配式混凝土结构构件制作、施工与验收规程》	DB21/T 2568—2016	辽宁
51	《装配式混凝土结构设计规程》	DB21/T 2572—2016	辽宁
52	《装配式剪力墙结构设计规程（暂行）》	DB21/T 2000—2012	辽宁
53	《装配式建筑全装修技术规程（暂行）》	DB21/T 1893—2011	辽宁
54	《装配整体式混凝土结构技术规程（暂行）》	DB21/T 1924—2011	辽宁
55	《装配整体式建筑设备与电气技术规程（暂行）》	DB21/T 1925—2011	辽宁
56	《装配整体式混凝土结构工程施工与质量验收规程》	DB37/T 5019—2014	山东
57	《装配整体式混凝土结构工程预制构件制作与验收规程》	DB37/T 5020—2014	山东
58	《装配整体式混凝土结构设计规程》	DB37/T 5018—2014	山东
59	《工业化住宅建筑评价标准》	DG/T J08-2198—2016	上海
60	《装配整体式混凝土公共建筑设计规程》	DGJ 08-2154—2014	上海
61	《预制装配钢筋混凝土外墙技术规程》	SJG 24—2012	深圳
62	《预制装配整体式钢筋混凝土结构技术规范》	SJG 18—2009	深圳
63	《四川省装配整体式住宅建筑设计规程》	DBJ51/T 038—2015	四川
64	《装配式混凝土结构工程施工与质量验收规程》	DBJ51/T 054—2015	四川
65	《装配式混凝土住宅构件生产与验收技术规程》	DBJ50/T 190—2014	重庆

续表

序号	标准名称	标准编号	分类
66	《装配式混凝土住宅建筑结构设计规程》	DBJ50/T 193—2014	重庆
67	《装配式混凝土住宅结构施工及质量验收规程》	DBJ50/T 192—2014	重庆
68	《装配式住宅部品标准》	DBJ50/T 217—2015	重庆
69	《装配整体式混凝土结构工程施工及验收规程》	DB34/T 5043—2016	安徽
70	《装配整体式建筑预制混凝土构件制作与验收规程》	DB34/T 5033—2015	安徽
71	《预制装配式混凝土结构技术规程》	DBJ 13-216—2015	福建
72	《装配式混凝土建筑结构技术规程》	DBJ 15-107—2016	广东